AF411160

TRAITÉ

DE L'ESTIMATION ET DU PARTAGE

DES BIENS-FONDS.

Imprimerie de E. DUVERGER, rue de Verneuil, n° 4.

TRAITÉ

DE L'ESTIMATION ET DU PARTAGE

DES BIENS-FONDS

PAR NOIROT.

——*←—

PARIS

AU BUREAU DE LA MAISON RUSTIQUE

QUAI MALAQUAIS, N° 19 ;

EN PROVINCE

Chez tous les Libraires et Correspondants du Comptoir

central de la librairie.

1843

TRAITÉ

DE L'ESTIMATION ET DU PARTAGE

DES BIENS-FONDS.

CHAPITRE Ier.

NOTIONS PRÉLIMINAIRES.

Il n'existe point, à ma connaissance, d'ouvrage qui traite de l'estimation des terres arables, vignes, prairies, landes, marais, maisons, usines. J'ai cru devoir entreprendre ce travail après avoir examiné un grand nombre de localités dans les diverses régions de la France, et après avoir fait des recherches sur les prix des différentes espèces de biens-fonds à des époques éloignées.

On ne s'est pas toujours bien entendu sur la signification du mot *valeur* en l'appliquant aux immeubles ; quelquefois on ne s'occupe que de la valeur vénale ; souvent on ne s'attache qu'au revenu capitalisé à un taux moyen. Celui qui veut conserver une terre pour la transmettre à ses descendants calculera principalement son revenu pour en fixer l'évaluation ; celui qui a pris la résolution de vendre son domaine l'esti-mera d'après la valeur vénale courante, et les deux propriétés, fussent-elles d'un revenu égal, seront évaluées à des taux bien différents.

En général, à l'époque actuelle où la grande propriété tend à se diviser ou à se mobiliser, où par cette raison les mutations sont très fréquen-tes, où la classe laborieuse de la population qui habite les campagnes devient graduellement pro-priétaire, la valeur vénale est la base à laquelle il importe le plus de s'arrêter dans l'évaluation des biens-fonds.

Les éléments de l'estimation varient dans chaque contrée soumise à la même domination; mais ils varient encore beaucoup plus d'un Etat à un autre. Un terrain d'un limon fertile se vend en France 4,000 fr. l'hectare et 100 fr. aux Etats-Unis. Un hectare de terre vaut 300 fr. dans le département du Finistère, tandis qu'un sol dont la fécondité serait absolument semblable serait vendu 5,000 fr. l'hectare dans les environs de Lille. Non-seulement la différence est énorme dans des contrées éloignées, mais, ce qui est beaucoup plus remarquable, elle est souvent considérable entre deux villages contigus, dans des terres de même nature. Nous rechercherons d'où provient cette singularité.

L'une des causes qui produisent les différences de valeur dans les sols de même nature est la quantité de travail qui a été employée pour en tirer un produit : une terre arable, à qualité égale, se vend plus cher qu'un pré ; une vigne se vend beaucoup plus cher qu'une terre arable, un jardin beaucoup plus cher qu'une vigne, toujours en supposant que l'étendue et la qualité du sol soient les mêmes dans chacune de ces natures de culture.

Par une conséquence de cette observation, et si l'on considère que les progrès de l'agriculture vont toujours croissant, on reconnaîtra qu'un

père de famille qui a en vue l'avenir agira beaucoup plus habilement en acquérant des terrains
incultes ou peu cultivés, qu'en achetant un sol
où l'on a employé tout le travail humain et où
l'on a fixé tout le capital qu'il était susceptible
de recevoir. Par exemple, si l'on achète aujour-
d'hui une vigne au prix de 4,000 fr. l'hectare,
on peut espérer que dans trente ans elle vaudra
5,000 fr. l'hectare ; mais si l'on acquiert un
pré, un marais ou une pâture, pour la même
somme de 4,000 fr., il est probable que trente
ans plus tard cette dernière propriété aura atteint une valeur de 8 à 10,000 fr., sans que l'on
soit obligé, pour arriver à ce résultat, de faire
des dépenses extraordinaires, qui ne seraient
pas couvertes par l'excédant des revenus que
les améliorations de culture procureront au
fermier ou au propriétaire.

Si nous examinons la propriété foncière dans
une même localité, mais à des époques un
peu éloignées l'une de l'autre, nous trouverons
que sa valeur locative et sa valeur vénale ont
augmenté, mais dans des proportions différentes. Nous reconnaîtrons encore que cette
proportion n'est pas à beaucoup près la même,

si l'on prend un terme de comparaison en argent, que si l'on rapporte ces valeurs à la valeur
du blé prise à diverses époques.

Des recherches que j'ai faites sur le prix des
biens-fonds démontrent qu'un hectare de terre
arable qui se vendait 45 hectolitres de blé dans le
quatorzième siècle, se vend aujourd'hui 155 hectolitres de blé, terme moyen. Cet accroissement
de valeur vénale est attribué à diverses causes,
mais il provient surtout de ce que l'agriculture
produit de nos jours des récoltes beaucoup plus
abondantes qu'elle n'en donnait dans ces temps
reculés, soit parce que l'on cultive une plus
grande quantité de terres, soit parce qu'on cultive mieux. L'augmentation de valeur vénale,
mesurée en blé, est donc dans le rapport de
1 à 3.

En argent, la proportion n'est pas la même,
et tout le monde connaît la cause de cette différence. Un hectare de terre, qui se vendait 6 marcs
d'argent dans le quatorzième siècle, se vend aujourd'hui 54 marcs, ce qui met le prix en argent
dans le rapport de 1 à 9. Les altérations des
monnaies, si fréquentes dans les treizième et
quatorzième siècles, et même dans des temps

moins reculés, ne permettraient pas d'établir des rapprochements exacts entre les valeurs des biens-fonds à différentes époques, si l'on ne rapportait le prix des ventes soit à la valeur contemporaine du marc d'argent, soit à la valeur du blé.

L'étude des valeurs comparées d'un siècle à l'autre conduit à des considérations qui se rattachent à la fois au présent et à l'avenir. L'une des questions les plus importantes à résoudre, pour se former des notions exactes sur la valeur des biens-fonds, est celle-ci : pourquoi celui qui possède un capital achète-t-il un domaine qui ne rapporte annuellement que 3 pour cent, au lieu de prêter son argent sur une obligation hypothécaire à 4 et demi ou cinq pour cent d'intérêt annuel? Je ne crois pas que ce fait, qui se passe tous les jours sous nos yeux, ait été expliqué d'une manière satisfaisante.

On peut répondre que la possession des terres présente plus de sécurité ou d'agrément que la jouissance d'une simple créance ; que des désastres qui ne remontent pas à un demi-siècle n'ont que trop appris que les créances les plus solides pouvaient disparaître enlevées par les tempêtes politiques ; que d'ailleurs à la possession de la propriété foncière sont attachés d'importants priviléges.

Mais ces considérations ne font point comprendre d'une manière complète la préférence de deux cinquièmes qu'obtient communément la propriété foncière sur les valeurs mobilières des créances ; car si la propriété immobilière présente la certitude d'une possession indéfinie, la loi accorde toutes les sûretés possibles aux prêteurs sur hypothèques. Les fermages sont plus difficiles à percevoir et ne rentrent pas avec la même régularité que des intérêts à échéance fixe ; les propriétés foncières exigent une surveillance continuelle et des réparations fréquentes qui absorbent souvent les revenus de plusieurs années ; enfin, la disposition d'un capital bien placé n'entraîne aucun soin et laisse au propriétaire la libre possession de son temps. Ces avantages semblent, au moins sous des points de vue essentiels, balancer ceux qui sont attachés à la possession des terres. Quant aux secousses politiques qui détruisent les valeurs mobilières, ce ne sont que des accidents qui arrivent de loin en loin et dont la plupart des générations sont exemptes. D'ailleurs, la propriété foncière n'est pas entièrement à l'abri de ces événements.

Il faut donc aller chercher ailleurs que dans des motifs de cette nature les causes de la préférence si marquée que l'on attache à la possession des terres.

Remarquons que, s'il était incontestablement plus avantageux de prêter des capitaux à 5 pour cent que de les employer en acquisitions de fonds de terre à 3 pour cent, tous ceux qui en auraient la possibilité prêteraient leurs capitaux ou voudraient les prêter, et que l'intérêt tendrait à se rapprocher du revenu des fonds de terre. Si, au contraire, la possession des terres était évidemment plus avantageuse à 3 pour cent que celle des capitaux à 5 pour cent, le prix des terres s'élèverait encore. Cependant il n'en est point ainsi, et les motifs d'après lesquels se dirigent les prêteurs, les emprunteurs, les vendeurs et les acquéreurs, sont trop bien compris par eux pour n'être pas parfaitement justes pris en masse; car c'est le résultat d'une immensité de calculs tous faits avec le soin et l'attention que commande l'intérêt privé, et qui par leur concours établissent le taux moyen et véritable des valeurs et en fixent la proportion le plus près possible de la vérité.

Pour peu que l'on étudie les faits, il paraîtra certain qu'il n'y a pas les deux cinquièmes des capitaux qui soient perdus, soit par des faillites, soit par des catastrophes politiques; on n'en perd pas même la vingtième partie; il s'en faut donc de beaucoup que de semblables accidents puissent expliquer la différence qui subsiste entre le revenu des terres et celui des capitaux. Elle s'établit autrement qu'on ne le suppose communément. Cette différence, toute grande qu'elle soit, finit par disparaître dans une période un peu longue; car une compensation s'établit par une hausse constante et progressive (sauf des irrégularités) dans le prix des fonds de terres, hausse qui n'a de terme que dans la fin de la prospérité des États. Ce prix décline au contraire dans les pays où la richesse générale décline, mais les capitaux s'y dissipent encore plus rapidement.

Cette égalité, qui s'établit à la longue entre l'emploi des capitaux prêtés ou employés à des acquisitions de terres s'explique facilement par un seul exemple. Supposons que 100 millions soient employés en acquisitions de terres, que 100 autres millions soient prêtés à longs termes; que cent ans après on fasse d'une part la somme des intérêts cumulés joints au capital primitif de 100 millions; que d'un autre côté on ajoute la valeur qu'auront alors les terres avec les fermages cumulés qu'elles ont produits; on reconnaîtra que les deux sommes sont à peu près égales.

Des recherches nombreuses m'ont appris que, lorsque le possesseur d'un capital n'a en vue que la valeur de ce capital à une époque éloignée, et le bien-être de ses enfants ou petits-enfants, il est à peu près indifférent qu'il prête son argent au taux légal ou qu'il acquière des fonds de terre à 3 et demi pour cent, en outre des droits de mutation. Il est inutile d'ajouter que c'est là un résultat moyen.

Mais la progression de valeur des fonds de terre ne s'opère pas partout au même degré. Il y a plus de hausse à espérer dans un pays où se présente la chance des améliorations que dans une contrée où l'agriculture semble avoir atteint toute sa perfection. Il s'en faut bien que les capitaux destinés aux améliorations puissent être employés partout avec le même profit, et ils se portent de préférence dans les lieux où se présentent les plus grands bénéfices. Si le sol est naturellement stérile, comme le sable crayeux de la Champagne, comme les terres granitiques du centre de la France, comme d'autres terrains qui reposent à peu de profondeur sur un roc calcaire, les améliorations produisent bien moins d'effet que si le sol est une terre compacte et profonde, comme on en trouve dans les plaines encore mal cultivées de l'Allier, du Cher et des départements de l'Ouest.

Une somme d'argent employée en améliorations de culture dans un sol qui renferme peu de principes de fécondité, rendra 3 ou 4 pour cent; tandis que la même somme employée dans un sol fertile et profond pourrait bien ne rendre d'abord que le même intérêt; mais comme les terres s'amélioreraient dans une forte proportion, le bénéfice monterait successivement de 4 à 6, et même 8 pour cent.

Ainsi, indépendamment du revenu actuel qui doit principalement servir de base pour une estimation de biens-fonds, il importe de connaître au moins approximativement le bénéfice que procurerait un capital employé à des améliorations dans la propriété; mais ce serait en vain que l'agriculture réclamerait l'emploi de ces capitaux, si leurs possesseurs trouvaient à les placer d'une manière plus lucrative. Ainsi, dans un pays de commerce où le taux de l'intérêt est élevé, on ne doit attendre que peu de perfectionnements dans la culture du sol; les capitaux ne se dirigent vers l'agriculture que lorsqu'ils sont devenus assez abondants pour faire baisser le taux de l'intérêt.

Mais lorsqu'il s'agit de fixer la valeur réelle d'un immeuble, ces possibilités d'améliorations ne doivent être prises en considération que sous un point de vue de valeur relative. Supposons une terre de 10,000 fr. de revenu net, laquelle n'est susceptible d'aucune amélioration; elle sera évaluée 333,333 fr. sur le pied de 3 pour cent du revenu net. Supposons une autre terre qui rende précisément le même revenu, mais qui puisse recevoir un grand accroissement de valeur par des travaux faciles et d'un succès certain. Un capital de 50,000 fr. qui y serait employé accroîtrait le revenu net de 5,000 fr. La terre rapportera après l'accomplissement de cette opération 15,000 fr.; ce sera donc de l'argent placé à 10 pour cent. Mais il y a plusieurs déductions à faire; il faut d'abord retrancher 5 pour cent, intérêt ordinaire des capitaux placés dans les entreprises industrielles; le bénéfice net est donc réduit à 2,500 fr., et le revenu, après cette déduction, est de 12,500 fr.; en second lieu, l'application du capital de 50,000 fr. a exigé de la surveillance, des travaux de direction qui ont leur prix; un tel emploi a pu être accompagné de mécomptes, d'accidents, et en définitive de pertes, en sorte que le bénéfice de 2,500 fr., lorsqu'il sera dégagé de ces déductions, sera probablement réduit à moitié ou à 1,250 fr. Ce sera le seul profit réel, la seule valeur qui puisse être regardée comme l'effet de la qualité du sol, en sorte que cette terre pourra être considérée comme susceptible de donner un revenu de 11,250 fr., ce qui, à 3 pour cent, représente un capital de 375,000 fr.

Cependant l'estimateur risquerait de se faire illusion, s'il n'avait pas une certitude complète que le capital est prêt à être employé en entier et immédiatement, en dépenses d'amélioration; car s'il ne devait recevoir cette destination que vingt ans plus tard, la privation d'un accroissement de revenu pendant cet espace de temps réduirait presque à rien l'addition de valeur que la possibilité de cette amélioration doit donner au sol.

Cet exemple peut servir à expliquer comment tant de tentatives faites à grands frais pour rendre plus productive une terre naturellement féconde, qui n'avait jamais donné que de faibles revenus, n'ont pas répondu aux espérances que l'on avait conçues, et comment le produit net est presque toujours plus faible qu'on ne l'avait supposé dans la ferveur de l'entreprise. Toutefois, il y a une compensation ; car si l'accroissement du revenu est réellement de peu d'importance, la valeur nouvelle consolidée dans le sol est ordinairement assez considérable.

Si la production agricole se développe par l'effet des travaux particuliers, elle est souvent favorisée par de grandes entreprises publiques, comme l'ouverture d'un canal ou d'une route ; la valeur locative et vénale de la propriété en est presque toujours augmentée d'une manière remarquable, mais dans des proportions bien diverses, et qu'il n'est pas facile de déterminer.

Souvent le sol qui borde un canal ou une nouvelle route, peut servir à des constructions de bâtiments, et par conséquent, il se vend beaucoup plus cher qu'auparavant ; les denrées qui en proviennent s'exportent à de bien moindres frais, circonstance qui ajoute à sa valeur primitive. Quelquefois ces grands moyens de communication agissent dans un sens contraire ; par exemple, un petit vignoble isolé et de médiocre qualité est en possession de fournir à la contrée d'alentour tout le vin qu'elle consomme ; une route nouvelle est ouverte entre cette contrée et le grand vignoble ; aussitôt le prix des vins de la première localité tombe, et il est possible que la culture de la vigne y devienne trop peu avantageuse pour être continuée.

Une autre contrée approvisionne de blé une grande ville ; cette circonstance y rend les terres très chères. On ouvre un canal qui amène d'autres blés à meilleur marché ; aussitôt le prix de ces terres baisse, tandis qu'une hausse se manifeste dans la contrée qui commence à exporter ses blés. Pour sentir toute l'étendue de ce double effet, on peut imaginer quelle serait la valeur des terres dans les environs de Paris, sans les canaux, les rivières et les grandes routes qui y amènent des approvisionnements de lieux éloignés.

Il est donc bien difficile d'évaluer l'influence d'une nouvelle voie de communication sur le prix des terres dans le voisinage ; il faut étudier l'effet qu'elle produira, reconnaître si elle exportera des denrées provenant de ces terres, ou si au contraire elle en importera de la même espèce, soit dans le lieu même, soit dans la contrée où les premières se débitaient auparavant. Ces effets opposés doivent être étudiés avec soin ; souvent même, avec ces données, toutes positives qu'elles paraissent, on risque de se tromper complétement ; car il est possible que des importations de denrées fassent en définitive augmenter le prix de la terre dans le lieu même où elles s'opèrent, si elles ont pour effet d'y fonder une nouvelle industrie et d'y amener de nouveaux habitants.

Un canal produit toujours à la longue la richesse et la prospérité des contrées qu'il traverse ; mais souvent cet effet est éloigné ou se fait sentir d'une toute autre manière que celle qui en avait déterminé la création. Des mines qui n'auraient point eu de débouchés auparavant, sont recherchées et découvertes, des usines sont bâties. On transporte des marchandises d'une toute autre espèce que celles sur lesquelles les fondateurs du canal avaient compté. L'agriculture modifie ses procédés et approprie ses produits aux nouveaux débouchés et aux nouvelles découvertes ; la production totale augmente, et avec elle la valeur locative et la valeur vénale des terres.

Ce sujet est tellement compliqué qu'il se présente sous une foule d'aspects différents. On peut remarquer que dans plusieurs localités éloignées des grandes routes et dépourvues de toute industrie manufacturière, le prix des terres est fort élevé. Cela tient à ce que la population est très nombreuse dans ces cantons, qu'elle est économe et laborieuse, et qu'elle se consacre sans relâche aux travaux agricoles et aux métiers qui s'y rapportent.

Dans d'autres contrées naturellement fertiles et traversées par une rivière navigable, les propriétés foncières sont bien moins chères que dans les lieux moins favorisés ; la cause de cette infériorité de valeur dans les premières contrées doit être attribuée à la cherté de la main-d'œuvre, et à l'emploi des capitaux dans le commerce beaucoup plus que dans l'agriculture, enfin aux habitudes des ouvriers, qui trop souvent épargnent d'autant moins sur leurs salaires que ces salaires sont plus élevés. Ainsi, non-seulement dans le même département, mais presque dans le même canton, des terrains de qualité inférieure se vendent, par le seul effet des causes que nous venons d'indiquer, beaucoup plus cher que des terrains de bonne qualité, quoiqu'ils ne soient séparés que par une distance de quelques kilomètres.

On n'obtiendrait encore qu'un résultat bien incomplet ou bien erroné si, après avoir apprécié l'influence que la nature du sol, la position des terres, l'abondance ou la rareté des capitaux, la proximité et l'étendue des débouchés peuvent exercer sur la valeur locative ou vénale des propriétés foncières, on négligeait d'examiner le mode habituel de culture ou d'exploitation usité dans la contrée où elles sont situées.

Le domaine dont on désire connaître la valeur est-il cultivé par des métayers sous la surveillance du propriétaire?

Est-il exploité par des métayers sous la direction d'un fermier principal?

Est-il exploité par un fermier à l'aide de sa famille et de ses domestiques?

Le fermier paie-t-il son fermage en argent ou bien livre-t-il des denrées au propriétaire pour en acquitter le montant?

Enfin ce domaine est-il exploité par le propriétaire lui-même à l'aide de sa famille et de ses salariés?

La valeur des biens ruraux est considérablement modifiée par ces divers systèmes d'exploitation, qu'il est presque toujours très difficile de changer lorsqu'ils sont pratiqués depuis longtemps.

Avant d'aller plus loin dans l'examen de cette partie de notre sujet, nous ferons remarquer que, sous le rapport agricole, la France se divise en deux régions bien distinctes. Dans une grande partie du royaume, les territoires des communes sont distribués en domaines isolés; chacun de ces domaines est composé d'une habitation autour de laquelle sont placés les jardins, les pâtures, les prés, les bois; chacune de ces parcelles est ordinairement bordée de haies vives. Une

commune, dont le territoire s'étend sur une surface de 2,000 hectares, est divisée en 30 ou 40
métairies qui ont leur circonscription distincte.
Telle est la division générale de la partie méridionale de la France, depuis les frontières de la
Savoie jusqu'à l'Océan.

Le nord de la France, depuis le Jura jusqu'à
la Manche, présente un aspect bien différent.'
C'est un espace ouvert, au milieu duquel sont
bâtis, à d'inégales distances, des villages agglomérés et où l'horizon est borné par de grandes
forêts, au lieu des nombreux boqueteaux parse-
més dans les pays de domaines isolés.

Dans ces dernières contrées l'agriculture a
fait très peu de progrès ; c'est encore la manière
d'exploiter, ce sont encore les procédés de culture des Romains. Les fermes sont presque toutes exploitées par des métayers attachés invinci-
blement aux anciens usages, qui n'ont point
d'occupation hors la saison des travaux agricoles, et qui demeurent presque toujours pauvres,
parce que leur isolement les prive de tout moyen
de perfectionnement. En général, on ne peut
remarquer aucun progrès ni la moindre amélioration dans leur culture ; une partie des terres

reste en pâture ; il n'y a d'exception que pour les métairies situées dans le voisinage des bourgs et des villes.

Les contrées où la population est agglomérée dans des villages présentent presque toujours une culture assez riche ; le rapprochement des habitants les rend industrieux et établit entre eux une certaine émulation ; ils peuvent varier et multiplier leurs travaux ; un grand nombre exercent des métiers, et presque tous trouvent de l'occupation dans l'intervalle des travaux agricoles. De vastes espaces de terre demeurent sous le régime des grandes fermes ; le reste du sol se subdivise entre les habitants, qui l'exploitent par petites portions, soit comme propriétaires, soit comme fermiers.

C'est dans cette partie de la France que l'on trouve encore cette ancienne division des terres en trois soles ou saisons, qui tend à disparaître, en même temps que la valeur locative et la valeur vénale des terres augmentent.

Si l'on estimait les terres uniquement d'après la nature du sol, dans des pays à domaines isolés et dans les contrées à population agglomérée, on commettrait d'étranges erreurs ; car tel hectare de terre qui vaudrait 1,000 fr. dans la première région vaudrait moitié en sus de cette somme s'il était situé dans la partie de la seconde région qui est exploitée en grandes fermes ; il vaudrait 2,000 fr. s'il faisait partie d'un territoire exploité en fermes d'une étendue médiocre ; enfin il vaudrait 2,500 fr. s'il était situé dans le territoire d'un gros village dont les habitants sont propriétaires et cultivent eux-mêmes leurs terres.

Des différences moins importantes, mais qui ne doivent pas être négligées, selon les diverses circonstances, portent sur les fermages. Une métairie qui rend au propriétaire 1,200 fr. lorsqu'elle est exploitée sous sa surveillance, ne pourrait se louer que 1,000 fr. en argent. C'est sur ce dernier taux qu'il convient de calculer la valeur vénale. Les domaines exploités par des métayers sous la surveillance d'un fermier principal rendent bien tous les produits que l'on peut en obtenir aux moindres frais possibles, mais le fonds ne s'améliore pas, et souvent le sol s'épuise.

L'exploitation la plus commode pour un propriétaire et pour un fermier est celle qui s'opère au moyen d'un loyer convenu et payable en argent ; mais on n'a pas encore établi partout ce mode si simple. Une partie des fermiers livrent des grains en paiement de leurs fermages ; à la vérité ils évitent les chances de pertes, mais ils ne profitent pas des chances de bénéfices. Il faudrait bien se garder d'évaluer les revenus d'après le prix moyen du blé ; car il est juste de déduire la rétribution qui revient au préposé du propriétaire pour le soin de recevoir et de vendre ses denrées, et l'intérêt du prix jusqu'à l'époque où il le reçoit du marchand de blé ou du consommateur. Le reste est l'expression exacte du fermage.

Le temps modifie les valeurs des propriétés foncières d'une manière bien inégale et qu'il est difficile de prévoir ; cependant la recherche des faits antérieurs aide à former des conjectures qui acquièrent un haut degré de probabilité. Un exemple fera sentir toute l'importance des changements qui peuvent survenir entre deux époques plus ou moins éloignées. Une succession est ouverte ; deux lots sont formés, l'un d'une maison qui est louée 1,000 f., et qu'à 5 pour cent de revenu l'on évalue 20,000 fr. ; l'autre lot comprend des terres et des prés que l'on évalue 20,000 fr., et dont le revenu net ne s'élève qu'à 800 fr. En capitalisant ainsi les revenus de ces propriétés à des taux différents, on a cru satisfaire à ce qu'exigeaient l'équité et la prévoyance; mais à moins que la maison ne soit située dans une position où le sol puisse acquérir une grande valeur par l'effet de circonstances extraordinaires, il est probable que soixante ans après ce partage la maison ne vaudra que 25,000 fr., tandis que les immeubles ruraux vaudront 50,000 fr.

On peut juger, d'après ces observations, combien sont erronées les évaluations d'immeubles qui dans la pratique ne se font que d'après les revenus réels calculés sur un certain nombre d'années antérieures; nous démontrerons que cette méthode est équitable pour les évaluations relatives aux contributions directes; mais il est évident qu'elle ne l'est pas quand on l'applique à des estimations qui portent sur le capital de la valeur et qui ont de l'influence dans un avenir plus ou moins éloigné.

Des questions importantes restent encore à résoudre d'une manière satisfaisante : pourquoi la valeur vénale des bâtiments est-elle presque toujours inférieure à leur prix de construction? Pourquoi la différence est-elle ordinairement plus forte encore pour des manufactures et usines qui sont les bâtiments réputés les plus productifs? Pourquoi, lorsqu'il s'agit de ces constructions, les leçons du passé ont-elles si peu d'influence? Est-il des compensations qui engagent les constructeurs à ne pas reculer devant la probabilité d'une perte future? Nous essaierons de traiter ce sujet et de résoudre d'autres questions semblables à mesure que, dans le cours de notre travail, nous passerons en revue les différentes espèces de biens-fonds.

SECTION Iʳᵉ.

De l'estimation des biens-fonds sous le rapport de la qualité du sol.

Tout ce que nous dirons de la fertilité des terres, considérée dans ses différents degrés, se rapportera, à moins d'indication spéciale, aux terres labourables, dont l'étendue superficielle

forme en France la moitié de l'étendue totale
du sol.

§ I. — *Nature du sol.*

Si l'on est obligé d'estimer immédiatement
la valeur d'un sol que l'on voit pour la première
fois, un sondage est indispensable ; cette opération est facile ; il suffit d'ouvrir des trous de
$0^m,70$ à $0^m,80$ de profondeur.

Cependant nous ferons remarquer qu'il s'en
faut de beaucoup que la valeur locative ou vénale du sol soit toujours proportionnée à sa
qualité. Il existe en France de grandes plaines,
basses et humides, dont le sol naturellement fécond a peu de valeur, parce que l'on manque
de bras et de capitaux pour les cultiver ; mais
cette fécondité est un élément qui doit entrer
dans les combinaisons pour évaluer un fonds
de terre.

L'exposé de l'analyse des parties constituantes
du sol ne doit pas trouver place ici[1]. L'expé-

____

(1) Voir la classification des terrains agricoles, par M. de
Gasparin, *Journal d'Agriculture pratique*, t. II, p. 404, et
Cours d'Agriculture, tome I.

rience et des comparaisons bien faites doivent généralement servir de guide à l'estimateur.

Les terrains légers, crayeux, laissant échapper l'eau, ne présentent qu'une faible végétation, surtout lorsque, cultivée depuis un temps immémorial, la couche de terreau a subi une notable diminution.

Les terrains qui reposent sur un sous-sol de terre grasse, sur la glaise, sur une argile blanche, sont peut-être peu productifs, mais il est facile de les améliorer en les labourant plus profondément.

Les terres alumineuses, compactes, qui reposent sur un gravier, sur un sol crayeux, au travers duquel l'eau peut s'infiltrer, sont ordinairement assez bonnes.

Le sol qui recouvre une couche de roche calcaire dure est peu fertile, parce que cette roche ne se délitant pas, et l'humus se dissipant sans être réparé, le sol devient infertile à la longue, à moins que l'on ne répare la perte par des engrais, ce qui diminue les profits de la culture.

Ainsi, quand on évalue des terrains de cette espèce on doit craindre d'en exagérer la valeur. Au contraire, s'agit-il d'un champ situé dans un vallon où descendent graduellement et insensiblement les engrais des terres supérieures entraînés par les eaux, on ne perdra pas de vue que le temps améliore sans cesse les terrains qui sont dans une telle position.

Les sols qui reposent sur des roches de calcaire tendre sont ordinairement assez bons; car cette pierre se délite, et les coteaux, quoique souvent escarpés, sont presque toujours revêtus d'une terre compacte et arrosés de sources. On les estimera à un taux beaucoup plus élevé qu'on ne le fera pour les coteaux de terrains légers, où la superficie et les engrais sont presque toujours entraînés par les eaux.

Les terres argileuses au-dessous desquelles on trouve de la glaise, les argiles ferrugineuses, sont naturellement peu fertiles; mais elles peuvent le devenir par la culture, par des engrais et des amendements abondants; cependant les frais seront trop considérables pour que le fermage puisse dépasser le taux ordinaire du fermage des terrains médiocres.

Dans les pays de terres siliceuses, les coteaux retiennent ordinairement les eaux, ce qui les rend susceptibles de culture. On peut, sous le

rapport de la fertilité, distinguer plusieurs espèces de terres siliceuses :

1° Les sols mélangés de cailloux sont improductifs, à moins de défoncements, de labours
profonds et d'engrais; mais quand on peut les
arroser, ils donnent ordinairement une herbe
abondante et de bonne qualité.

2° Les terrains siliceux composés de petites
molécules peuvent être cultivés avec assez de
profit.

Tous ces sols sont excellents pour les plantations d'arbres.

3° Les terrains siliceux situés dans les vallées
peuvent faire d'excellentes terres à blé, à chanvre, à betteraves, lorsqu'ils ne sont pas trop
souvent inondés ; mais dans ce dernier cas on
les convertit assez facilement en pâturages ou en
prés. Tel champ cultivé se louerait 15 fr. l'hectare, par an, qui, converti en pré, rapporterait
80 fr. de revenu net par hectare.

4° Dans les grandes vallées où les affluents
des petites rivières ont amené des dépôts calcaires ou siliceux, le sol est ordinairement ex-
cellent, et si la couche végétale y est très épaisse,
on peut la soumettre à toutes les espèces de cul-

tures que peuvent permettre le climat et le cours des eaux.

5° De tous les dépôts d'alluvions, les plus fertiles sont ceux qui proviennent des substances volcaniques, comme dans la Limagne.

§ II. — *Exposition des terres.*

La disposition du sol, la situation du terrain, ont une grande influence sur sa valeur locative ou vénale. Il faut distinguer :

1° Les plateaux qui dominent toutes les terres environnantes sont peu fertiles lorsqu'ils ne sont dominés par aucun autre terrain du voisinage, en sorte que les eaux pluviales qui tombent sur ces plateaux s'écoulent dans les pentes inférieures et entraînent avec elles les engrais et la terre la plus menue. Les plantes que l'on confierait à ce sol avorteraient ou languiraient ; la modicité des frais de culture ne dédommagerait pas de l'exiguïté de la récolte.

Cependant il existe de grands plateaux assez fertiles, mais c'est lorsque le sol en est compacte et encore humide. Ces plaines élevées formaient autrefois des marécages où croupissaient les eaux pluviales, et étaient couvertes de forêts et de broussailles; depuis, elles ont été transformées en pâturages et sont enfin devenues des terres labourables. Ces terres ont acquis de la fertilité par le desséchement et par la culture, qui ont détruit les plantes sauvages et assaini le sol. Mais après plusieurs siècles de labours elles ne conservent qu'un degré moyen d'humidité; c'est alors qu'elles ont atteint leur *maximum* de fertilité et de valeur. Ensuite elles tendent à se dessécher; mais on maintient leur fécondité par des engrais.

Nous remarquerons à ce sujet que les terrains les plus fertiles, dans une vaste plaine, sont ceux qui n'offraient, il y a un ou deux siècles, que des marais, des prés ou de simples pâtures, mais dont le sol, inculte de temps immémorial, s'était enrichi de débris végétaux, et où la culture n'avait pas entraîné la surface du sol.

Les plateaux qui reposent sur le roc à peu de profondeur ne sont pas sans valeur; les contrées où ils forment la surface dominante sont assez bien peuplées; la culture est facile, parce qu'il ne faut qu'une force assez légère pour conduire la charrue, parce que l'humidité ne gâte pas les champs, et que si les récoltes sont peu abondantes elles sont ordinairement assurées.

Il faut distinguer si le roc n'est pas susceptible de se déliter ou s'il se divise en parcelles plus ou moins menues ; dans le premier cas les terres s'amoindrissent, car la couche de terre végétale entraînée sur une pente, même peu sensible, diminue continuellement ; mais si le roc se délite, cette couche tend au contraire à s'augmenter par l'action de la charrue.

Les coteaux qui reposent sur le roc ont peu de valeur en général, surtout si la position est inclinée de plus de $0^m,06$ à $0^m,07$ par mètre, parce que les engrais sont souvent entraînés avant qu'ils aient exercé leur action sur les semences. Cependant, si ce sont des terres compactes, cet effet est peu sensible : le sol peut recevoir des fonds supérieurs autant d'engrais qu'il en laisse échapper dans le terrain inférieur. Ces terres compactes peuvent valoir 1,500 fr. par hectare, tandis que les sols légers ne valent quelquefois pas plus de 200 fr.

Les terres situées sur la pente ou au-dessus

des coteaux sont ordinairement d'un difficile accès ; le transport des engrais et l'enlèvement des récoltes exigent de grands frais. Si ces terres sont éloignées des villages et que l'on y construise des bâtiments de ferme, on n'en retire souvent guère au-delà des frais de construction, à moins que l'étendue du sol cultivable ne soit considérable.

Nous remarquerons qu'il y a beaucoup de terres qui ne peuvent rapporter aucun fermage (si ce n'est une minime redevance pour le pâturage), et qui sont cependant cultivées ; il suffit que la valeur des récoltes puisse payer les frais de semence et de labour ; le fermier y trouve le salaire de l'emploi de son temps et de ses domestiques, et une rétribution pour la dépense de la nourriture de ses animaux de travail. Tout cela est souvent évalué par lui au taux le plus faible.

Nous ajouterons qu'en général on peut louer et vendre plus cher un sol d'une fertilité médiocre qu'un sol naturellement plus fécond, mais beaucoup plus difficile à cultiver : le premier exige peu d'engrais et donne des récoltes d'un produit moyen ; on peut le labourer avec de faibles attelages et le cultiver en toute saison ; le second est souvent trop humide pour être labouré ; il faut de plus forts attelages et beaucoup d'engrais ; la destruction des mauvaises herbes est difficile et coûteuse. A la vérité, la récolte est bien plus considérable si ces dernières conditions sont réunies et si les eaux débordées ou stagnantes n'ont pas détruit les semences, ou si l'humidité n'a pas produit beaucoup d'herbes et de paille, et donné peu de blé ; mais comme les capitaux sont rares, les premiers terrains auront plus de valeur vénale que les autres, jusqu'à l'époque où l'on exploitera ceux-ci par des moyens proportionnés au but. Enfin, lorsqu'ils auront pu être bien cultivés pendant un demi-siècle, les rapports de valeur seront changés, et ces derniers seuls pourront être vendus et affermés beaucoup plus cher que les premiers. Ainsi autrefois l'agriculture exploitait les terrains secs et légers et les plaines élevées ; aujourd'hui qu'elle dispose de moyens plus énergiques, elle féconde les vallées et les terres tenaces et humides.

Si ces terres sont formées d'un limon déposé lentement par les eaux, elles sont susceptibles

des cultures les plus riches, et il n'y a guère
d'apparence qu'elles puissent se détériorer. D'un
autre côté, si la culture n'est plus guère susceptible de perfectionnement, si le fermage est
élevé, et que dans une localité voisine il existe
des terres semblables où le fermage actuel soit
encore à un taux plus faible, il ne faut plus
compter sur une augmentation de valeur dans
la première localité ; mais si le sol est naturellement riche, et que par défaut de population et
de capitaux, ou par suite d'attachement à une
mauvaise routine, il soit mal cultivé, l'estimateur reconnaît cette circonstance et l'apprécie
en élevant son évaluation au-dessus du taux des
revenus actuels.

Dans les vallées où les rivières et les ravins
roulent des graviers et des cailloux, il s'en faut
bien que l'on trouve cette fertilité ; mais des
améliorations quelquefois peu coûteuses peuvent
l'accroître ; car à l'aide de quelques travaux on
peut amener et faire arrêter sur ces cailloux une
couche de limon qui s'épaissit à mesure que
l'herbe y croît et le retient. Des plantations de
bois tendre, comme des peupliers, saules et aul-
nes, croissent ordinairement avec beaucoup de

force dans de semblables terrains et tendent à y consolider les atterrissements.

Les vallées profondes contiennent les plus riches dépôts de terre végétale ; le sol s'est successivement élevé, en sorte que, lorsqu'on fait un sondage ou un puits, on trouve l'ancienne surface du sol à 2, 5, et jusqu'à 10 mètres de profondeur ; des débris de plantes, de feuilles et d'herbes, ne laissent aucun doute à cet égard. Les neuf dixièmes de cette terre sont inutiles pour la végétation ; mais la couche supérieure est ordinairement douée d'une grande fertilité si les eaux ont un libre cours et ne sont jamais stagnantes. Au contraire, les vallées où les eaux ne peuvent s'écouler sont perdues pour l'agriculture, quelle que soit la bonne qualité du sol ; ce sont presque toujours des moulins et d'autres usines à chute d'eau qui retiennent le niveau des eaux, soit au-dessus du sol, soit assez près de la surface pour faire périr les plantes que les cultivateurs voudraient y maintenir ou y faire croître. Souvent la valeur de ces terrains n'est pas la dixième partie de ce qu'elle devrait être, et l'estimateur doit même rechercher dans un grand nombre de cas s'il ne serait pas avanta-

geux de substituer la force d'une machine à vapeur ou d'un autre moteur à celle d'une chute
d'eau, qui occasionne un si grand dommage.

L'exposition des terres relativement au soleil
et au cours des vents exerce une influence assez
remarquable sur la valeur de ces terres.

Le sol d'un vallon étroit, bordé de bois, arrosé par des eaux vives qui y entretiennent une
perpétuelle fraîcheur en abaissant la température pendant la nuit, est en général peu fertile.
D'abord le voisinage immédiat des bois et des
eaux exclut ordinairement la culture de la vigne;
les brouillards nuisent à la floraison des blés;
l'herbe même contient moins de parties nutri-
tives que lorsqu'elle a crû dans une prairie découverte; les avoines seules s'accommodent assez bien d'une telle exposition.

Ainsi la fertilité dépend principalement d'une
juste proportion entre l'humidité et la chaleur
ou la sécheresse, et plus un sol est humide, plus
il a besoin de recevoir l'action du soleil. Mais
la disposition des lieux est souvent susceptible
d'être modifiée; on peut abattre ou élaguer les
arbres qui concentrent l'humidité dans une vallée, et qui ne permettent pas aux vents de dissi-

per les brouillards ; on peut aussi favoriser l'é-
coulement des eaux.

Réciproquement, dans les terrains trop desséchés, on peut planter des arbres, retenir les
eaux, faire des enclos entourés de haies qui arrêtent le cours des vents, creuser des fossés qui
reçoivent les eaux supérieures et dans lesquels
se déposent des terres et des engrais que l'on retire ensuite au moyen du curage.

Ces considérations exercent une grande influence sur l'estimation des fonds. Toutefois il
faut bien se rappeler que les améliorations exigent des travaux et une mise de capital dont
l'effet est de diminuer les bénéfices qu'elles peuvent procurer.

Cependant un agriculteur intelligent saura
qu'à l'aide d'un capital proportionné aux besoins
de son exploitation il tirera des bonnes terres
des produits beaucoup plus considérables que
ceux qu'il est possible d'obtenir des terres médiocres ; cet avantage influera à la longue sur la
valeur foncière du sol. Mais s'il ne s'agit que
d'un travail passager, l'estimation du sol ne devra subir qu'une légère addition, car il ne faut
jamais perdre de vue la nécessité de résoudre

ces trois questions : 1° le sol sera-t-il réellement amélioré ? 2° les bénéfices seront-ils aussi considérables qu'on se le promet ? 5° enfin cette amélioration sera-t-elle prochaine ? Car, si elle est éloignée, elle ne peut donner lieu qu'à une faible augmentation de la valeur actuelle.

L'aspect du sol, relativement aux quatre points cardinaux, a une influence bien connue sur la vigne et sur d'autres cultures. Quant aux terres labourables et aux pâturages, nous distinguerons seulement deux expositions : l'une *froide*, qui s'étend de l'ouest au nord et du nord à l'est ; l'autre *chaude*, qui s'étend de l'est au sud et à l'ouest. La première convient aux terres sèches, parce que l'évaporation est moins considérable ; la seconde aux terres humides, sur lesquelles le soleil exerce une action puissante et fertilisante. Ainsi un terrain sec, exposé au nord, sera estimé plus cher que s'il était placé à une exposition méridionale ; au contraire, un sol humide, exposé au midi, a plus de valeur que dans une situation opposée.

SECTION II.

De la quotité du capital employé à l'exploitation des terres
et de son influence sur leur valeur.

On ne se formerait que des notions insuffi-
santes sur la valeur des biens-fonds si l'on n'étu-
diait pas l'étendue et l'emploi des capitaux qui
ont servi à défricher le sol, à bâtir des maisons de ferme, à fabriquer les instruments aratoires, etc.

Les capitaux qui sont placés dans l'agriculture
sont de trois sortes : 1° le capital du fonds, qui
consiste dans la valeur des bâtiments, des arbres, etc.; 2° le capital du cheptel, qui comprend la valeur des bestiaux nécessaires pour
l'exploitation ; 3° le capital circulant, qui sert à
salarier les domestiques et les ouvriers, et avec
lequel on subvient aux dépenses courantes.

Ces capitaux rapportent des intérêts bien différents, suivant le risque que l'on court d'en
perdre la totalité ou une partie. Il est indispensable d'en calculer l'emploi et les effets, surtout
lorsqu'on procède à l'estimation d'un domaine

qui n'est point affermé et que l'on ne peut comparer à aucun autre domaine affermé en argent,
circonstance qui se rencontre dans les pays de
métairies.

Dans les fermes, en Angleterre, le capital circulant, y compris la valeur du cheptel, doit s'élever à environ trois fois le revenu du fonds; le
fermier retire en outre de 10 à 12 pour cent du
montant de ce capital, déduction faite de la rente
de sa ferme.

Supposons un domaine agricole dont le fermage est de 6,000 fr.; le capital apporté par le
fermier est de 50,000 fr.

Le produit brut de la ferme est de 18,000 fr.,
ce qui fait le triple du fermage; la somme qui
reste au fermier se divise ainsi qu'il suit :

Pour salaire d'ouvriers. . . . . . . 6,000 fr.
Pour intérêt du capital circulant
à 12 p. 100, y compris la rétribution
de l'industrie du fermier. 6,000
Fermage payé au propriétaire. . . 6,000
————
Total. . . . 18,000

Mais si un nouveau fermier n'apporte qu'un
capital de 36,000 fr., il n'obtiendra qu'un pro

duit total bien moindre, que nous évaluerons à 15,000 fr., et qui devra se répartir ainsi qu'il suit :

Intérêts à 12 p. 100 du capital circulant, 4,320 fr., ci. . . . . 4,320 fr.

Salaire des ouvriers, réduit à. . . 5,500

Le restant forme le fermage qu'il peut payer au propriétaire et qui est réduit à. 5,180
____

Total égal au produit total. . . 15,000

Ainsi le fermage est diminué de près d'un sixième, parce que l'on doit d'abord prélever les intérêts des capitaux et le salaire des ouvriers.

Mais si dans le cours d'un troisième bail le domaine continue à être exploité avec un capital insuffisant, le revenu décroîtra encore ; car le second fermier avait profité des améliorations faites par son prédécesseur, qui exploitait la ferme avec un capital de 50,000 fr.

Ainsi une ferme cultivée à l'aide d'un capital considérable peut rapporter un loyer élevé, quoique les bénéfices du fermier soient plus forts que les profits ordinaires ; mais une estimation fondée sur ce haut fermage serait erronée ; on doit supposer que le domaine est exploité à l'aide d'un capital égal à la moyenne des capitaux que l'on emploie dans la localité.

Des expériences faites sur une assez grande échelle ont appris aux cultivateurs quelle est la puissance de l'emploi des grands capitaux en agriculture. Par exemple, un domaine qui ne produit que 2,500 fr. de revenu net, dans son état actuel, à l'aide d'un capital de 15,000 fr., produirait un fermage net de 4,000 fr. si l'on ajoutait 30,000 fr. au capital primitif, même en prélevant l'intérêt de cette somme de 30,000 fr.

Mais ce n'est pas une raison pour estimer la valeur vénale de cette ferme sur le pied de 4,000 fr. de revenu net, ce qui, au taux de 3 p. 100, en porterait l'évaluation foncière à la somme de 133,333 fr. En effet, on pourrait, avec la moitié de cette dernière somme, acqué= rir un domaine semblable qui, à la vérité, ne rapporterait dans les conditions ordinaires que 2,000 fr., mais qui serait susceptible de la même amélioration.

Le prix des baux est rarement égal au taux moyen qui doit faire la base d'une estimation.

Un domaine qui n'est cultivé qu'à l'aide de très faibles moyens peut, dans certaines circonstances, être estimé au-dessus du taux commun. Si une partie des terres est encore en friche, si le sol est naturellement fécond et ne donne cependant que de médiocres récoltes, il est certain qu'au moyen de l'application d'un capital plus considérable il produirait bien davantage. On devra calculer le degré de probabilité pour la réalisation d'une meilleure culture, et chercher à déterminer l'époque approximative où aura lieu l'émission d'un capital suffisant.

Par exemple, un domaine rend 1,500 fr. de revenu avec un capital circulant de 8,000 f.; des observations faites dans le voisinage, sur des terrains de même fertilité, apprennent qu'à l'aide d'un capital additionnel de 6,000 fr. on retirerait un produit de 2,500 fr., dont il faut déduire 600 fr. d'intérêts calculés à 10 p. 100 sur ce capital additionnel; le revenu serait de 1,900 fr., ce qui procurerait un accroissement de revenu de 400 fr., somme qui, à 3 p. 100, représente un capital de 13,333 fr.; mais si l'augmentation ne doit avoir lieu que dans vingt ans, ce même capital de 13,333 fr. est réduit à

5,024 fr., en comptant l'intérêt à 5 p. 100.

Nous comptons cette fois l'intérêt au taux de 5 p. 100, parce qu'il faut se garder de toute exagération dans l'estimation des produits éventuels.

SECTION III.

De la valeur des terres dans leur rapport avec la population de la contrée.

Dans les régions où la population est concentrée dans des villages entourés d'un territoire découvert et dont la culture est divisée entre les habitants, soit comme propriétaires, soit comme fermiers, la plupart des cultivateurs sont logés dans leurs propres maisons, et leur exploitation se compose en partie de leurs terres et en partie de celles d'autrui ; le fermage et le prix vénal du sol sont en général fort élevés, parce qu'il y a des capitaux accumulés par des épargnes sur le produit d'un travail agricole et industriel.

Il n'en est pas de même dans les pays à domaines isolés, où le cultivateur est réduit au travail purement agricole, qui n'occupe qu'une partie de son temps ; il ne peut faire aucune épargne ni par conséquent acquérir ; le sol, à qualité égale, n'a qu'une médiocre valeur locative et une faible valeur vénale.

Une circonstance accidentelle, comme l'établissement d'une nouvelle route, la création d'une usine ou d'une fabrique, dans une contrée à domaines isolés, détermine la fondation d'un hameau où la population tend à se réunir ; bientôt la richesse s'accroît et le prix des terres double en peu d'années.

Supposons un domaine composé de 40 hectares de terres et de 20 hectares de prés, avec des bâtiments suffisants pour l'exploitation de ce fonds, le tout affermé moyennant la somme de 3,000 fr. par an. Aussitôt que ces prés ont dans leur voisinage une route sur laquelle sont bâties des auberges, ils prennent une valeur locative de 120 fr. par hectare ; ainsi les 20 hectares de prés rapportent 2,400 fr., ce qui approche du revenu total de la ferme ; le fermier cherche à remplacer les récoltes de ses prés par la culture des prairies artificielles, et ses bénéfices ne tardent pas à augmenter.

On remarquera, en général, que les bâtiments qui ont une assez grande valeur vénale dans les villages et les bourgs n'en ont presque aucune dans un domaine isolé, et dans cette dernière position la valeur particulière de chaque partie du sol est peu élevée.

Voici le tableau de la composition d'un domaine isolé, situé dans les régions du centre de la France :

Bâtiments, cours, jardins. . . .	1 hectare.
Terres labourables.	30
Prés.	18
Pâtures.	10
Total.	59

Le revenu de ce domaine est de 2,500 fr.

En général, les prés pourraient être facilement affermés sur le pied de 120 fr. l'hectare s'ils étaient situés dans le voisinage d'un lieu où les foins se débiteraient facilement, en sorte que pour ce seul objet le revenu s'élèverait à la somme de. . . . . 2,160 fr.

Les terres labourables, faute d'engrais, sont mal exploitées ; à qualité

A reporter. . . 2,160

Report. . . 2,160 fr.

égale elles pourraient se louer sur le pied de 40 fr. par hectare, si elles étaient situées près d'un village, ce qui ferait en tout. 1,200

Les pâtures servent à nourrir des bestiaux qui ne produisent presque point d'engrais ; ces terrains, dans une localité où la population est assez nombreuse, pourraient être loués à raison de 56 fr. par hectare, ce qui ferait en tout. 560

Les bâtiments suffisants pour l'exploitation d'un domaine aussi étendu ne peuvent pas avoir coûté moins de 12,000 fr. de frais de construction ; mais ils ne pourraient, avec leurs dépendances, être loués dans un village plus de 240 fr., ci. 240

Total. 3,960

La valeur vénale présenterait une disproportion encore plus forte, malgré le désavantage du morcellement des terres et de l'éloignement de l'habitation du cultivateur.

L'estimateur sera bien obligé de prendre les valeurs moyennes établies dans chaque localité pour les appliquer à la propriété foncière qu'il veut évaluer ; mais il recherchera les causes qui peuvent à l'avenir, soit accroître les revenus, soit les déprécier ; il élèvera l'estimation dans le premier cas, et la réduira dans le second.

S'il ne s'agissait que de calculer d'après le passé, il suffirait de connaître le prix des baux anciens et récents, et de les comparer avec le prix des autres baux faits dans le voisinage ; mais si, ce qui arrive presque toujours, on a besoin d'une évaluation faite dans des vues d'avenir, on ne doit pas s'en tenir là.

On pourra faire quelques remarques qui ne seront pas sans portée :

1º Le sol est cher dans les localités où les habitants sont laborieux : il ne l'est pas dans les bourgs ou villages où ils ont pris des habitudes de désœuvrement. La différence est quelquefois très forte et se fait sentir dans des lieux peu éloignés les uns des autres.

2º Dans une contrée où il y a beaucoup de terres fertiles, elles sont bien moins recherchées que les terres de qualité égale ne le sont dans une contrée où il en existe peu. Ainsi une pièce de terre qui se vendrait 2,000 fr. l'hectare dans un pays fertile vaudrait, à qualité égale, 4,000 fr. l'hectare dans un pays de montagne. On trouve dans les vallées du Jura, des Vosges, des Cévennes, des terres qui se vendent quatre fois plus cher que si elles étaient situées dans un pays de grandes plaines, en supposant le sol d'égale fécondité. Cet effet est dû en grande partie à une cause indépendante de la qualité du sol ; les habitants accumulent des épargnes provenant de l'exercice d'une industrie particulière, et les placent en acquisition d'immeubles dans le voisinage de leur résidence. C'est une circonstance à ne pas négliger dans une estimation.

SECTION IV.

De l'influence du voisinage des habitations sur le prix des biens-fonds.

La culture des fermes isolées jouit d'un avantage assez important lorsque les bâtiments sont

situés au centre des terres, car les frais de charrois sont bien moins considérables que dans
une autre position.

Aussi le prix des terres d'égale qualité dans
un grand territoire varie dans une forte proportion suivant leur distance du village. Tel sol situé près des maisons, ou seulement à 500 mètres de distance, se vend sur le pied'de 4,000 fr.
l'hectare ; un sol semblable situé à 1,000 mètres
se vend à raison de 2,500 fr. l'hectare, et si
l'éloignement est de 4 kilomètres la valeur est
réduite à 1,200 fr. l'hectare.

Une aussi grande différence provient de ce
que la cherté des frais de transport n'est pas
proportionnée à la longueur des distances, quand
il s'agit de travaux agricoles ; la difficulté des
transports est très grande lorsque les chemins
sont mal entretenus, et les cultivateurs travaillent beaucoup plus facilement dans les environs de la maison qu'à des distances éloignées.

Un terrain de médiocre étendue, par exemple de 15 à 20 hectares, qui est éloigné des habitations de plus de 3 à 4 kilomètres, a ordinairement peu de valeur, lors même que le sol est de
bonne qualité ; les frais de culture, à raison de

cet éloignement, peuvent absorber tout le produit ; il ne reste rien pour la rente du propriétaire, et dans ce cas on abandonne ce terrain au
pâturage. On ne pourrait y construire avec profit
des bâtiments de ferme, car l'étendue supposée
est trop peu considérable ; la famille qui exploi-
terait cette ferme resterait inactive une partie
de l'année ; les animaux de labour seraient
nourris pendant cet intervalle de temps sans
travailler ; l'intérêt des frais de construction
ne laisserait rien pour la rente.

Lorsqu'on veut évaluer de tels terrains, on
prend pour base, soit la valeur locative réelle,
soit la valeur locative possible ; cependant, s'ils
sont propres à être plantés avantageusement en
bois, on les estime un peu plus cher.

Si le terrain renferme une maison d'habitation et d'exploitation, on évalue la totalité de la
propriété d'après le revenu et eu égard à l'état
actuel des bâtiments ; car s'ils ne peuvent durer
longtemps et que l'on veuille les reconstruire,
il est possible que cette valeur totale se réduise
à très peu de chose.

En effet, supposons une ferme de 20 hectares,
qui rapporte 500 fr. de revenu net, et dont la

valeur serait de 15,000 fr. si les bâtiments
étaient en bon état ; mais si au contraire ils sont
délabrés, et qu'il soit nécessaire de les reconstruire douze ans après en dépensant 8,000 fr.
pour cet objet, la valeur vénale se trouvera réduite de moitié environ à cette époque. Cependant, si au lieu de bâtir on livrait le terrain au
pâturage et que l'on en retirât 500 fr., il y aurait
du profit à prendre ce dernier parti. En général,
le fermier d'un domaine qui ne rapporte que
500 fr. ne peut jamais s'élever à la plus modeste
aisance si cette exploitation est, comme nous le
supposons, la seule à laquelle il puisse se livrer.

L'évaluation de la propriété variera donc dans
les deux hypothèses.

SECTION V.

De l'influence des villes commerçantes sur le prix des terres.

Deux causes agissent en sens contraire sur
l'estimation des immeubles situés dans le voisinage d'une ville commerçante :

Si la ville marche vers une prospérité croissante, si les fonds placés dans les fabriques ou
dans le commerce rapportent 10 p. 100, ce qui
annonce une grande demande d'argent, les terres
sont peu recherchées, à moins qu'elles ne soient
situées dans le voisinage immédiat de la ville;
mais lorsque le taux de l'intérèt baisse et que
beaucoup de capitaux sont offerts, une partie se
fixe en achats de biens-fonds dont le prix peut
s'élever très haut lorsque le commerce local est
saturé de capitaux.

En général, dans tous les pays de commerce
les habitants placent leur argent dans le négoce
et il en reste peu pour acheter des fonds de
terre; la population étant occupée aux travaux
des fabriques ou du commerce, la main-d'œuvre
est plus chère et le produit net de la culture est
moins considérable. Il en est autrement dans les
contrées agricoles où une nombreuse population
s'adonne à l'exploitation des terres; la valeur
locative et la valeur foncière surtout y sont plus
élevées que dans les lieux où la population ne
participe pas aux travaux de l'agriculture; mais
la position la plus favorable est celle des contrées
où les habitants s'occupent à la fois de la cul-

ture des champs et de l'exercice d'une autre industrie.

Essayons d'apprécier l'influence du voisinage des villes en général sur le prix des terres; le prix des fourrages est le même dans une ville que dans les villages qui produisent ces fourrages, sauf la différence des frais de transport; mais le fermier ou le propriétaire cultivateur compte pour peu de chose les charrois qu'il fait dans les intervalles des travaux champêtres; en sorte que si les frais ordinaires du transport des fourrages sont de 10 fr. par 1,000 kilogrammes, il peut faire ces mêmes charrois au taux de 5 fr., lorsqu'il y trouve occasion de débiter sa propre denrée, et si l'hectare de pré produit 5,000 kilogr. de fourrage, il gagne 15 fr. par hectare.

Quant aux terres situées dans le rayon de 2 à 5 kilom. de distance d'une ville, si nous mettons en compte d'un côté la facilité de se procurer des engrais, et de l'autre la cherté des frais de labour et de main-d'œuvre, nous trouverons que la balance penche encore en faveur des terres situées près d'une ville.

Il y a en général dans le voisinage des villes une assez forte demande de terres à acquérir ou à affermer, pour le jardinage, les pépinières ou la construction des maisons, circonstances qui élèvent singulièrement la valeur du sol.

SECTION VI.

De l'estimation d'après les frais de culture et les produits.

Le premier exemple que nous allons citer est pris dans une contrée du nord de la France, où l'assolement en trois divisions du sol subsiste encore, avec des modifications.

Les frais de production du blé, dans une étendue d'un hectare, se répartissent ainsi qu'il suit :

Labourage, ensemencement, hersage par hectare, 48 fr., ci. . . . . 48 f.   c.

Semence, 2ʰ,40, à 16 f. l'hectol.   38   40

Sarclage.   2   40

Moissonneurs.   20

Rentrée et engrangement. . . .   6

Battage, partie avec une machine, partie au fléau.   15

____

A reporter . , **129   80**

Report. . . 129 f. 80c.

Déchet à la grange, sur le grenier
et par le criblage.   5

Transport au marché, droits de
halle et autres..   12

Fumure, 24 voitures de fumier,
transport compris, à 8 fr. la voi-
ture, dont un quart environ est
compté pour l'année du blé, le surplus devant servir aux récoltes suivantes..   48

Rente, à 3 1/2 p. 100, de 1,200 f.,
valeur de l'hectare, pour deux an-
nées que le blé occupe la terre. . .   84

Impôts fonciers.   8
                                        ―――――――
Total des frais.   286   80

Le produit est de 16 hectolitres de froment
par hectare, qui valent, à raison de 14 fr. l'hectolitre.. . . . . 224 fr.

Paille et menue paille.   56
                                        ―――――――
Total.   280

Si les deux nombres qui expriment les frais
et le produit ne sont pas égaux, c'est que les

calculs ne sont pas faits d'après une moyenne parfaite; le prix d'une denrée aussi nécessaire que le blé se nivelle toujours avec les frais de production répartis sur un certain nombre d'années.

L'influence des machines et d'une meilleure division du travail peut seule réduire les frais de production. On diminue les frais de labour par l'usage d'instruments perfectionnés, par l'emploi d'un nombre moindre de travailleurs, les frais d'ensemencement (dans des circonstances données) par l'emploi d'un bon semoir, les frais de moissons par l'usage de la faux, les frais de transport par la réparation des chemins, les frais de fumure par une autre méthode de traiter les engrais.

Il est évident qu'un domaine dans lequel ces travaux s'exécutent encore grossièrement doit être évalué à un taux plus élevé qu'un domaine exploité par des méthodes qui ne sont plus susceptibles de perfectionnement; l'estimateur appréciera le mérite des procédés usités.

Le deuxième exemple est pris dans une ferme située en Flandre; nous ne présenterons que le sommaire du compte des déboursés et recettes.

L'étendue superficielle est de 25 hectares 50 ares ; le produit brut des récoltes est de 15,004 f. 88 c., ce qui revient à 588 fr. 45 c. par hectare.

Les frais de culture sont de 10,181 fr. 89 c., ce qui revient à 599 fr. 29 c. par hectare, y compris le prix de location, qui est de 95 fr. par hectare, et les impôts.

Le troisième exemple est pris dans la culture ordinaire des contrées centrales de la France.

Blé-froment. 4 labours qui coûtent, à raison de 16 fr. par hectare, y compris le hersage. . . . . 64 f.

9 voitures de fumier qui coûtent, y compris le transport, 11 fr. chacune. . . 99

26 décalitres de semence, à 2 f. 50 c. 65

Frais de sarclage. 2

Récolte, moisson. 15

Transport des gerbes. 6

____

251

Orge et avoine. 2 labours à 16 fr. par hectare, y compris le hersage. . . . . 52 f.

Semences. 18

Frais de récolte. 12

Frais de transport de la récolte. . . . 6

____

68

Dans le cours de la troisième année la terre demeure en sombre ou en jachères.

Les frais de la culture du froment s'élèvent à . . . . 251 f.

Ceux de la culture en orge ou en avoine sont de 68
<hr>
319

Ces frais se répartissent sur la durée de trois ans, ce qui fait par an et par hectare 106 f. 33 c.

Les produits de cette culture ordinaire sont en moyenne de 90 doubles décalitres de froment, qui, à raison de 3 fr. 50 c. le double décalitre, valent. . . . . 315 f.   c.

Et de 95 doubles décalitres d'avoine,
qui, au prix moyen de 1 fr. 60 c. le
double décalitre, valent. '. 152
<hr>
Produit total pour 3 années. . . 467
<hr>
Ce qui fait par an et par hectare. 155 .66
Déduisant les frais. 106 33
<hr>
Produit net par an et par hect. . 49 33

Les pailles suffisent pour payer le battage et les menus frais.

Déduisant 6 fr. par hectare pour l'impôt, le produit net est réduit à 43 fr. 55 c.

Cette dernière somme se partage entre le fermier pour les deux tiers, et le propriétaire pour un tiers.

Le fermage s'élève donc à 14 fr. 44 c.

L'estimateur aura le soin de faire des calculs analogues à ceux qui précèdent pour reconnaître si le taux du fermage est bien assis. Il s'occupera des recherches nécessaires pour connaître le coût des frais et la valeur des produits pour les cultures de prairies artificielles, de betteraves, pommes de terre et maïs, partout où ces plantes sont cultivées.

Nous ne donnerons plus qu'un exemple de ces espèces de calculs pour faire sentir le danger de s'en tenir à des généralités dans l'estimation des terres.

On juge quelquefois de la qualité du sol par le rapport de la quantité de la semence à la quantité de la récolte ; cette terre rend 10 pour 1 ; celle-ci 15 pour 1 ; donc celle-ci est moitié plus fertile que la première. Rien de plus erroné qu'un pareil raisonnement. En effet, supposons

une terre qui exige 8 doubles décalitres de semence, et qui, à l'aide d'une certaine quantité
d'engrais et de travail, rende 40 doubles décalitres de blé par hectare, c'est-à-dire 4 pour 1 ;
ce produit s'élèvera à 160 fr., en comptant le
prix du double décalitre pour 4 fr. ; la portion
du propriétaire sera du tiers de cette somme,
ou de . . . . 53 f. 33 c.

L'année suivante on aura une récolte d'avoine évaluée 90 fr. ; la portion du propriétaire sera de 30

On suppose que la terre reste ensuite en jachères.

Revenu pour 3 ans.	83	33
Revenu pour un an.	27	77
Déduisant pour l'impôt.	3	77
Revenu net.	24	

Mais si l'autre terre, qui exige comme la première 8 doubles décalitres de semence par hectare, rend 80 doubles décalitres, son produit se
réalisera comme il suit :

80 doubles décalitres de blé, à 4 fr., ce qui
fait en tout 320 fr. ; le fermage du propriétaire

évalué au tiers de cette somme est
de . . . . 106 f. 67 c.

L'année suivante on aura une récolte d'avoine évaluée 180 fr.; le
fermage sera de.   60

Enfin la troisième année on peut
obtenir une récolte de trèfle qui
vaudra, tous frais faits, en faisant
même une déduction pour l'engrais
qu'elle use, 100 fr.; le tiers pour le
fermage est de   33   33
____

Revenu pour trois ans. 200
Revenu pour un an.   66   67
Déduisant pour l'impôt.   6   67
____

Revenu net par an.   60
____

On voit que, bien que le rapport de la somme
à la récolte soit de 1 à 2, le revenu net de la
meilleure terre s'élève à deux fois et demie le
revenu de la terre médiocre.

Cet exemple démontre encore que, toutes
proportions gardées, les terres fertiles donnent
beaucoup plus de profit que les autres.

Il suffira d'un calcul très simple pour reconnaître que deux champs égaux en étendue, dans lesquels on récolte la même quantité de blé, et dont l'un exigerait deux fois plus de semence que l'autre, pourraient néanmoins rapporter le même revenu, à un huitième près.

Les cultivateurs sont obligés d'employer beaucoup de semence dans les terrains qui produisent spontanément et en abondance des herbes inutiles ; l'estimateur s'assurera de la difficulté plus ou moins grande de corriger cette disposition du sol, et il calculera la dépense nécessaire pour y parvenir.

SECTION VII.

De l'estimation d'après le prix des baux.

§ I. — *Des métairies.*

L'exploitation des terres se fait, soit par des métayers, soit par des fermiers qui livrent au propriétaire une partie déterminée de la récolte ou une quantité fixe de blé ou d'autres denrées, soit par des fermiers qui paient une somme d'argent, soit enfin par le propriétaire lui-même.

Dans les fermes tenues par un métayer, le cheptel des bestiaux et une partie des instruments aratoires appartiennent au propriétaire; tous les fruits, et même le croît des bestiaux et la laine des troupeaux, se partagent par moitié; le propriétaire surveille ordinairement les travaux.

Le revenu total représente : 1° l'intérêt du capital fixe, qui consiste dans les bâtiments; 2° l'intérêt de la valeur du cheptel et des instruments aratoires; 3° le salaire des travaux du métayer et des ouvriers qu'il emploie; 4° la rente de la terre et la rétribution des soins que le propriétaire donne à la culture.

Pour estimer avec exactitude le revenu, on recherche l'espèce, la quantité et la valeur de chacun des produits qui ont été livrés au propriétaire pendant un certain nombre d'années, et on prend une moyenne.

Les propriétaires qui possèdent un certain nombre de domaines contigus, les louent quelquefois à un seul fermier qui paie annuellement une somme fixe; le bénéfice de ce fermier doit être égal : 1º au salaire de la surveillance qu'il exerce sur la culture des métayers; 2º aux frais de perception et d'enlèvement des produits; 3º à la prime d'assurance contre les cas fortuits. Ces domaines peuvent être évalués en général à un assez fort denier, car ils sont ordinairement susceptibles d'amélioration.

Nous n'avons qu'un mot à dire d'un autre genre d'exploitation peu usité aujourd'hui, dans lequel le propriétaire place dans les bâtiments du domaine une famille à laquelle il confie des bestiaux, des instruments et des semences, et, au lieu d'un salaire en argent, lui abandonne une partie des produits. Ces laboureurs ne possédant aucun capital, si ce n'est quelques meubles, ne retirent que l'équivalent d'un simple salaire. C'est le régime agricole dans lequel la portion du propriétaire est relativement plus forte; mais le produit net total est ordinairement beaucoup plus faible que si la ferme était amodiée en argent.

Nous ferons remarquer que, dans la culture qui est faite par le propriétaire lui-même, à l'aide de ses domestiques, le produit net est ordinairement faible, mais une partie des travaux et des capitaux se réunissent au capital fixe, en sorte que le sol en est amélioré et que sa valeur augmente à la longue; on aura égard à cette amélioration.

Il n'en est pas de même si la terre est affermée, car le fermier n'a qu'un intérêt qui décroît à mesure que la durée de son bail s'écoule. Par exemple, dans la première année son intérêt à améliorer est 7, dans la deuxième il est réduit à 6, et ainsi de suite, en sorte que dans la huitième année il est nul.

§ II. — *Des fermes dans lesquelles le propriétaire prélève une partie déterminée des récoltes.*

Dans plusieurs contrées où le blé est la récolte principale, le propriétaire prélève une portion de la récolte, qui varie du tiers à la moitié, suivant la qualité du sol. La récolte est transportée dans les bâtiments particuliers du propriétaire, qui conserve la totalité ou une partie des pailles.

Si, dans un domaine composé de terres de valeur différente, on calculait sur la base du tiers de la récolte pour former la rente ou le revenu net de chaque pièce, on tomberait dans une erreur grave ; ce produit d'un tiers est une moyenne qui se répartit par portions inégales sur chaque parcelle de terre.

Par exemple, les champs de première qualité pourraient être affermés aux 60 centièmes de la récolte, c'est-à-dire que, sur une récolte de 100 gerbes, le propriétaire en prélèverait 60, ci. 60

Sur une autre pièce il en prélèverait. . 54

Sur une troisième. 47

Sur une quatrième. 42

Sur une cinquième. 35

Sur une sixième. 25

Sur une septième. 22

Sur une huitième. 20

Sur une neuvième. 18

Sur une dixième. 10

____

333

Ce qui équivaut à un tiers de la totalité de la récolte, à une légère fraction près.

Il est indispensable de faire ces distinctions lorsque le domaine dont on s'occupe doit être partagé.

Le fermier est ordinairement possesseur du cheptel et des instruments aratoires.

§ III. — *Des baux dont le prix se paie en denrées.*

Dans plusieurs cantons, les fermiers, pour acquitter le prix du fermage, livrent annuellement au propriétaire une quantité déterminée de grain.

Le fermage en grains, pour être égal en définitive à celui que le propriétaire recevrait si le prix du bail était fixé en argent, doit être un peu plus élevé que la moyenne de celui-ci. En effet, le propriétaire a l'embarras des livraisons et des ventes de ses denrées ; il court certaines chances dont il est délivré lorsqu'il parvient à fixer en argent le prix du bail. Il n'est donc pas étonnant que, pour arriver à ce but, il fasse un léger sacrifice. Ainsi, pour apprécier en valeur métallique un fermage qui est acquitté en denrées, il ne faudrait pas se borner à calculer d'après le taux des mercuriales.

Le fermier est ordinairement possesseur du capital circulant et du capital des bestiaux.

Si les terres sont situées dans le territoire d'un gros village, le propriétaire n'a pas besoin de bâtiments pour les affermer; le cultivateur qui, logé dans ses propres bâtiments, cherche à étendre sa culture, paie le loyer des terres à un taux aussi élevé que s'il était logé dans les bâtiments du propriétaire, puisqu'il n'a aucuns nouveaux frais de loyer à supporter.

Les prix des baux de ce genre ne sont nullement proportionnels aux profits des fermiers; car, lorsque la récolte est très faible et le prix des grains très élevé, ils en livrent pour une forte somme, et il leur en reste très peu à vendre, leur nourriture et celle de leur famille étant prélevées.

§ IV. — *Des baux dont le prix se paie en argent.*

Le fermier qui paie en argent le prix de son bail doit posséder un capital plus considérable que le fermier qui livre des grains; car, lorsque le premier trouve que le prix de ces denrées est trop bas, il les conserve en magasin dans la vue d'attendre une époque plus favorable. Il doit donc faire des bénéfices plus élevés que ceux du fermier qui livre des grains. Il fait les plus grands efforts possibles dans sa position pour accroître la masse des produits, puisqu'il ne les partage avec personne, la quotité de son fermage étant réglée invariablement.

Il est ordinairement chargé des cas fortuits, tels que la grêle et les inondations ; le prix moyen de son bail en est d'autant moins élevé.

La quotité du fermage est plutôt liée au mode d'assolement usité qu'à la possibilité des perfectionnements en agriculture. Les fermiers calculent encore d'après certaines circonstances ; les domaines qui sont composés de petites pièces de terre et de prés conviennent rarement à ceux qui possèdent des capitaux importants et qui doivent tenir à diminuer autant que possible l'emploi de la main-d'œuvre. Une ferme composée de terres fortes et de terres légères est dans une situation plus favorable que celle dont le terrain est homogène, car dans les saisons pluvieuses on ne peut labourer que les terres légères, et s'il n'y en avait point le fermier perdrait du temps. D'un autre côté, il est rare que la température soit favorable en même temps à

la végétation de toutes les espèces de plantes céréales ; mais quand on possède des terrains qui
diffèrent par leur nature et leur exposition, on
y approprie des cultures diverses, et une partie
des plantes au moins peut réussir.

La durée du bail doit être prise en considération. Supposons une ferme située dans un pays
où l'usage de marner les terres soit établi ; cet
usage ne peut subsister sans interruption si à
chaque période de neuf années le propriétaire
change de fermier ; mais comme la situation de
ce dernier serait beaucoup moins précaire s'il
avait un bail de 18 ans, il se livrerait avec plus
de sécurité à des améliorations dont il profi-
terait, et il pourrait payer un fermage plus
élevé.

Le fermier qui a un bail de 18 ans ne fait
qu'une fois les frais qu'entraîne nécessairement
un établissement nouveau ; il les fait deux ou
trois fois si la durée de son bail est limitée à
9 ans ou à 6 ans.

Une ferme louée 4,000 fr. l'an, par un bail de
9 ans doit généralement se louer de 4,300 fr. à
4,500 fr. si la durée du bail est de 18 ans.

Le revenu devant servir de base pour l'estimation de la valeur vénale, calculera-t-on cette valeur sur le prix du dernier bail ou sur une moyenne prise entre les taux divers des baux précédents?

En général, on doit calculer d'après le prix du dernier bail, à moins qu'il ne soit évident que le fermage diminuera à l'avenir par l'effet de quelque circonstance particulière; mais la tendance générale des fermages, comme de la valeur vénale, est à la hausse. La question se réduira donc à reconnaître si les derniers baux sont chers ou à bon marché; il est facile de savoir si les fermiers ont gagné ou perdu sur ces baux. S'ils se sont appauvris dans la ferme, c'est une présomption que le prix du bail était trop élevé, à moins que ces fermiers ne fussent ni laborieux ni intelligents, ou qu'ils ne fussent pas pourvus des capitaux nécessaires pour l'exploitation.

Cette vérification est indispensable, car il arrive rarement que les baux soient portés précisément à leur véritable prix. On doit faire des calculs d'après les produits en denrées et les frais de culture, en s'arrêtant aux bases que l'expérience a consacrées. On compare la ferme avec d'autres domaines du voisinage dont le fermage est connu, en appréciant toutes les différences du sol et de la position, et en définitive l'estimation ressort d'un grand nombre de calculs et de comparaisons.

Le fermage en argent varie suivant que la culture est plus ou moins perfectionnée. Il n'atteint pas au quart du produit total dans la culture flamande, tandis qu'il s'élève au tiers dans la culture ordinaire ; la raison de cette différence est que dans les fermes parfaitement cultivées la supériorité des produits est due en grande partie aux améliorations opérées par le fermier, et qu'il n'est pas juste que le propriétaire en profite au-delà d'une certaine proportion.

Dans les pays de métairies, où l'agriculture est moins perfectionnée, la part du propriétaire est plus forte : il prélève la moitié de la récolte des grains ou des plantes oléagineuses et textiles; il perçoit la moitié du croît des bestiaux, des laines, etc. Comme le produit total est dû en bonne partie à son capital, à la surveillance qu'il exerce, il est juste qu'il retire le fruit de ses travaux et l'intérêt de ses avances; mais si le propriétaire affermait cette métairie à prix d'argent, il ne recevrait annuellement qu'une somme inférieure à celle que lui rend sa portion des produits en nature; mais à chaque renouvellement des baux successifs il pourrait espérer une augmentation de revenu ; nous en avons dit la raison.

SECTION VIII.

Des domaines congéables et de l'influence de la durée des baux sur l'estimation des terres.

On nomme en Bretagne *bail congéable* une convention par laquelle le propriétaire cède son domaine à un preneur qui en jouit, soit pendant 99 ans ou pendant un autre temps déterminé, mais toujours très long, soit à perpétuité, moyennant une rente annuelle, avec la faculté réservée au bailleur de rentrer dans la possession de son domaine en remboursant au fermier la valeur des améliorations qu'il y aura faites, d'après le prix qu'elles se trouveraient valoir à l'époque du congé.

On distingue le droit foncier, qui appartient

au propriétaire, du droit superficiel, qui appartient au concessionnaire ou fermier.

Le fermier n'a pas le droit de demander ce remboursement si le propriétaire ne veut pas user de la faculté de retirer le domaine, attendu qu'il n'y a point de réciprocité à cet égard.

La superficie comprend les bâtiments, les arbres plantés, les engrais, les haies, les réparations et améliorations nécessaires ou utiles.

Il est difficile d'estimer la valeur des domaines soumis à ce régime, car il y a plusieurs questions complexes à résoudre préalablement.

Supposons un domaine qui a été cédé il y a 100 ans, et dont les bâtiments, à cette époque, avaient été estimés valoir la somme de 2,000 f.; le détenteur ou *domanier* a construit dans le cours de sa jouissance des bâtiments qui lui ont coûté 30,000 fr., et qui seraient remis aujourd'hui dans un état à peu près parfait si l'on dépensait 5,000 fr. pour les restaurer.

Le revenu net du domaine est supposé de 3,000 fr., et sa valeur vénale, s'il était mis en vente dans son état actuel, s'élèverait à la somme de 92,307 fr., en calculant au taux de 3 1/4 p. 100 du revenu net.

Il s'agit d'évaluer l'indemnité due au détenteur pour ses constructions.

On reconnaîtra d'abord si tous les bâtiments sont utiles, et jusqu'à quel point ; on cherchera quelle serait la valeur actuelle du domaine si ces améliorations n'existaient pas, et quelle en est la valeur réelle avec ces mêmes améliorations : la différence aidera à estimer l'indemnité due au fermier. Ce ne sera pas la seule base de l'estimation ; car on ne doit, dans aucun cas, lui rendre plus qu'il n'a dépensé.

Des bâtiments absolument semblables à ceux qui existaient il y a 100 ans, et qui à cette époque étaient évalués 2,000 fr., vaudraient aujourd'hui, en proportion du décroissement de la valeur du signe monétaire, environ 7,000 fr.; c'est donc pour cette somme qu'ils doivent entrer dans le compte.

Le fermier objecterait peut-être que le domaine ne valait, il y a cent ans, que la sixième partie de ce qu'il vaut aujourd'hui, et que c'est par l'effet des travaux de ses prédécesseurs, qui ont planté, desséché et défriché, que la propriété a acquis un accroissement de valeur ; il ne serait pas fondé à conclure que son indemnité doit être proportionnée à cette augmentation, car le prix de tous les domaines a plus que quadruplé depuis cent ans.

Dans l'hypothèse la plus favorable au fermier, l'estimation se ferait ainsi qu'il suit :

Les impenses ont été de 30,000 fr.; une dépense de 5,000 fr. est nécessaire pour les réparations; il reste 25,000 fr. dont il faut déduire la valeur des anciens bâtiments, calculés au taux actuel et montant à 7,000 fr.; il reste par conséquent 18,000 fr. pour indemnité due au fermier.

On procédera d'après les mêmes principes pour les plantations et autres améliorations.

La durée des baux, en général, influe sur l'estimation des immeubles; il est certain qu'une ferme dont le bail a encore une longue durée se vendrait moins cher que si ce bail touchait à son expiration ; car, dans ce dernier cas, il y aurait pour acheteurs, non-seulement les capitalistes qui désirent placer leurs fonds en acquisitions d'immeubles, mais encore les propriétaires du voisinage qui voudraient réunir la totalité ou une partie de la ferme à leurs propriétés, et les cultivateurs qui désireraient acquérir un domaine pour l'exploiter. Or l'expérience apprend que ces deux dernières classes de concurrents n'acquièrent pas les terres dont ils ne peuvent avoir la jouissance prochaine, ou qu'ils ne veulent les acheter qu'avec un rabais considérable sur le prix.

Ainsi, une propriété foncière dont le bail a encore une longue durée à l'époque de l'estimation ne doit pas être évaluée aussi cher que si ce bail touchait à sa fin.

SECTION IX.

De la valeur vénale des immeubles.

L'estimation en capital se résout ordinairement dans la recherche du prix que l'on pourrait obtenir des immeubles si on les mettait en vente.

Autrefois on disait d'un bien-fonds qu'il avait été vendu, par exemple, au denier 20; alors il rapportait 5 p. 100; vendu au denier 25, il rapportait 4 p. 100; vendu au denier 40, il rapportait 2 1/2 p. 100, en sorte que, lorsque l'on connaissait le denier, on avait l'expression de la valeur vénale en multipliant le revenu par le nombre qui exprimait ce *denier*. Il est bon de cennaître le sens de cette expression pour comprendre les anciens actes constitutifs des rentes foncières.

La proportion du revenu à la valeur capitale des biens-fonds varie suivant le temps et les lieux.

Lorsque le taux commun de l'intérêt de l'argent s'élevait à 8 p. 100 par an, les immeubles rapportaient 5 p. 100; ainsi un domaine produisant 6,000 fr. de revenu net se vendait 120,000 fr.

Aujourd'hui le rapport du revenu à la valeur vénale est environ de 3 à 100; mais la quotité du fermage est plus considérable qu'à l'époque où le propriétaire retirait 5 p. 100 ; car les progrès de l'agriculture ayant fait augmenter de moitié la quantité des récoltes, la part du propriétaire s'est accrue dans une forte proportion.

La détermination du taux auquel on portera la valeur vénale relativement au revenu est une opération très importante, surtout lorsqu'il s'agit d'un partage de biens dans lequel l'un des co-partageants prend les créances et l'autre les biens-fonds ; car, si l'on s'en tient au taux de 5 p. 100, un domaine qui rend 1,000 fr de fermage sera estimé 33,333 fr., tandis qu'au taux de 4 p. 100 il sera évalué 25,000 fr. seulement. Les erreurs sur l'estimation du revenu ne donneraient presque jamais une différence aussi considérable que celle que nous venons de remarquer.

Un moyen assez sûr d'asseoir la valeur vénale, moyen commode dans certaines localités et impraticable dans d'autres, consiste à faire l'estimation, par comparaison, avec des fonds de terre semblables qui ont été vendus à des époques rapprochées, en ayant égard à toutes les différences locales.

Le prix vénal varie en raison du nombre des acheteurs comparé avec l'étendue des terres à vendre. Ainsi, dans une commune dont les habitants se sont enrichis par des épargnes successives, les biens-fonds ont une grande valeur comparativement à une autre localité où les habitants n'ont rien épargné et par conséquent rien accumulé.

L'étendue du capital employé dans l'exploitation des terres influe aussi sur leur valeur vénale, lorsqu'il n'y a point de probabilité que ce capital sera diminué à l'avenir ; car le produit total et la rente s'accroissent à peu près dans la même proportion. Le taux du revenu des terres s'élève à mesure que celui de l'intérêt décroît ; en effet, si un fermier trouve des capitaux à 3 p. 100, il peut payer au propriétaire un fermage plus fort que s'il est obligé de supporter des intérêts au taux de 6 p. 100.

La manière dont la richesse locale est distribuée influe aussi sur la valeur vénale des terres. Si les habitants d'une commune rurale sont à la fois cultivateurs et propriétaires du sol, la valeur vénale est bien plus considérable que si le territoire appartient à des propriétaires absents. Par exemple, un propriétaire-cultivateur possède un capital de 30,000 fr. qu'il emploie à l'acquisition d'une ferme sur laquelle il fixera son industrie et toute sa capacité de travail ; il améliorera le fonds, et pourra par conséquent acquérir cette ferme à un prix plus élevé que ne le ferait un propriétaire pour qui ces moyens de bénéficier seraient perdus.

Ainsi le taux de la valeur vénale peut varier de 2 à 3 1/2 p. 100, suivant que le sol de la localité est divisé entre un grand nombre de propriétaires ou cultivé par des fermiers.

Supposons une grande ferme, contenant 200 hectares, louée moyennant 9,000 fr. par an, ce qui fait 45 fr. par hectare, le fermier restant chargé de toutes les réparations et du paiement des impôts, sans déduction sur le prix de son bail ; la valeur nette de cette ferme, au taux de 3 p. 100, est de 300,000 fr.

Nous supposerons encore que les bâtiments entrent dans le prix vénal pour une valeur de 35,000 fr. ; le restant, qui est de 265,000 fr., forme la valeur des terres arables, prés et autres fonds, ce qui revient à 1,325 fr. par hectare.

Mais dans les villages et bourgs voisins, où la propriété est disséminée entre les habitants, l'hectare de terres semblables vaut 2,000 fr.

A quel prix s'arrêtera-t-on pour estimer cette ferme ?

Il est certain que, si toutes les terres qui en dépendent sont trop éloignées des villages pour être cultivées par les habitants, la valeur vénale ne doit pas dépasser 1,325 fr. par hectare, d'après notre supposition.

Si, au contraire, une partie des terres et des prés peuvent se vendre à raison de 2,000 fr. l'hectare, on doit les estimer à ce prix. Le vendeur ne ferait en définitive aucune perte sur la valeur des bâtiments de sa ferme, car les terres que l'on vendrait devant être cultivées par des gens déjà logés dans leurs propres maisons, ces mêmes terres ne supporteraient aucun loyer de bâtiments.

Le haut prix des terres dans les ventes en détail dépend de l'aisance de la classe qui vit de salaires et du nombre des habitants qui se trouvent dans cette position ; il faut encore que la culture de leurs propres terrains leur offre une occupation plus lucrative que le travail qu'ils feraient pour autrui.

Le prix des biens qui se vendent en justice est en général un peu inférieur au prix moyen, et en voici la raison : 1° l'époque de la vente est fixée sans égard aux convenances des acheteurs ; 2° les vendeurs n'accordent pas ordinairement de longs termes pour les paiements ; 3° ils ne divisent pas la propriété suivant le goût ou l'intérêt des acquéreurs ; 4⁰ enfin l'expérience apprend que les concurrents sont moins nombreux et moins empressés lorsque la vente est forcée que lorsqu'elle est libre.

S'il ne s'agissait que d'établir l'évaluation d'un immeuble d'après le revenu réel, il suffirait de recueillir un grand nombre de documents et de les coordonner entre eux ; mais ce n'est là que la partie matérielle de l'opération ; il est plus difficile et non moins utile d'apprécier la valeur future ; car, en cas de vente ou de partage, un laps de quelques années pourrait amener une lésion considérable. On ne peut indiquer ici que les principales circonstances à examiner sous ce rapport conjectural.

On s'attachera d'abord à distinguer soigneusement la valeur réelle de la valeur apparente, et la valeur permanente de la valeur variable.

1⁰ Supposons une propriété située dans un pays de montagnes ; le terrain paraît aride, excepté dans la saison qui précède les récoltes ; on n'aperçoit que quelques espaces fertiles dans les vallées. En général, on juge, par comparaison avec des pays plus fertiles, que le sol ne vaut que 7 à 800 fr. l'hectare. Mais il est possible que la valeur réelle soit bien supérieure à la valeur apparente ; car dans ces contrées les terrains de première et de seconde qualité sont rares et peu étendus en comparaison du surplus, ils ont donc une valeur relative assez grande, et si la population est industrieuse et économe, la valeur vénale est considérable.

Il est d'autres contrées qui présentent un aspect différent ; la terre est bonne en général ; elle ne paraît pas mal cultivée ; mais la population est pauvre, le pays est fiévreux, les émanations des marais et des étangs nuisent à la santé des habitants et à la floraison des blés. La valeur réelle, soit locative, soit vénale, des terres, est bien différente de la valeur apparente.

Les fermiers, dans certaines contrées, sont en général plus exacts à payer leurs fermages que ne le sont les fermiers d'un autre pays. C'est un élément de plus dans l'estimation. Il est certain qu'une rente de 2,800 fr. qui est acquittée exactement vaut autant qu'une autre rente de 3,000 fr. qui n'est payée qu'irrégulièrement, et sur laquelle on doit perdre lorsque les baux arrivent à leur fin. D'ailleurs un fermier qui se libère exactement aux échéances a toujours soin que le domaine qu'il exploite soit bien entretenu.

Ainsi ce n'est point uniquement à la qualité extérieure et intrinsèque du sol qu'il faut s'arrêter dans une estimation ; un sol très médiocre peut rapporter un fermage élevé et avoir une grande valeur vénale, tandis qu'un terrain naturellement fécond, mais mal cultivé, ne rapporte qu'une faible rente. Toutefois on ne perdra pas de vue qu'un capital employé dans un bon sol sera bien autrement et bien plus longtemps productif que s'il était placé dans la culure d'un terrain de troisième ou quatrième qualité.

2º Supposons deux domaines situés à quelque distance l'un de l'autre, composés de terres et de prés dont le sol est formé des mêmes éléments, soit calcaires, soit alumineux, soit siliceux, dans la même proportion, et que l'un soit affermé à raison de 40 fr. l'hectare, tandis que l'autre est loué sur le pied de 60 fr. l'hectare. Il est certain que, par l'effet de la tendance du prix des choses à se niveler, le premier doit à la longue augmenter de valeur, proportionnellement au second.

3° Si l'on estimait une vigne d'après les produits qu'elle a donnés pendant 20 ans, on s'égarerait probablement; car l'époque du dépérissement arrive. Supposons encore que cette vigne soit bien plantée, qu'elle paraisse bien exposée; mais des courants d'air amènent des gelées printanières, ou bien la disposition des chaînes de coteaux est telle que la grêle exerce fréquemment des ravages dans la localité, ou bien encore le vignoble est souvent exposé aux ravages des insectes. Dans ces différents cas la valeur apparente est bien différente de la valeur réelle.

4° Si l'on évaluait une forêt d'après ses produits antérieurs, on risquerait de tomber dans une méprise grave; car plus le produit des coupes aurait été considérable durant une certaine période, moins il devrait l'être à l'avenir, ce qui arriverait si les coupes avaient dépassé la puissance reproductive du sol.

5° Une usine est très bien construite, le cours d'eau a la force nécessaire, mais un perfectionnement nouvellement inventé et appliqué dans les usines voisines de la même espèce peut la rendre improductive, de manière que sa valeur apparente doive subir une forte réduction. Une usine qui sert à exploiter des minerais peut perdre en peu de temps toute sa valeur, lorsque la mine est près de s'épuiser.

6⁰ Si, dans une contrée mal cultivée, un agriculteur habile apporte des capitaux considérables et de l'industrie, le sol devient productif et semble prendre une grande valeur vénale; mais souvent après lui les travaux sont négligés, la culture décline, et le domaine tend à retomber dans un état voisin de sa stérilité primitive; il faut donc distinguer la valeur *variable* de la valeur *permanente*.

Le tableau suivant donnera une idée du rapport qui doit exister entre le produit total des récoltes et la portion du propriétaire dans le produit; il fera connaître encore la proportion ordinaire du produit net et de la valeur vénale.

	Produit brut par hectare.	Portion du propriétaire par hectare.	Valeur du revenu net par hectare.		Rapport du revenu net à la valeur vénale.	Valeur vénale par hectare.	
	hectol. de blé.	hectol. de blé.	fr.	c.		fr.	c.
1° Terres cultivées par un métayer...	8	4	60	»	22	1,320	»
2° Terres cultivées par un fermier et sur lesquelles le propriétaire prélève une partie déterminée de la récolte.	9	3 1/2	52	50	25	1,312	50
3° Terres cultivées par un fermier qui livre annuellement au propriétaire une quantité fixe de denrées. . . .	10	3 1/4	48	75	27	1,316	25
4° Terres cultivées par un fermier qui paie le prix du bail en argent, et pour un bail de 9 ans.	11	3	45	»	29	1,305	»
5° Terres cultivées par un fermier qui paie en argent pour un bail de 18 ans.	12	3 1/4	48	75	28	1,365	»

CHAPITRE II.

DES BATIMENTS.

Avant de classer les diverses espèces de bâti-ments, nous présenterons quelques observations générales.

C'est un fait constamment remarqué qu'une maison bâtie dans un village, dans un bourg, et même dans une ville, ne peut presque jamais se revendre, surtout après un certain nombre d'années, au prix qu'elle a coûté à bâtir. Cela tient à plusieurs causes.

1° Le constructeur d'une maison la bâtit et en distribue les diverses parties d'une manière conforme à sa position et à ses goûts. L'acqué-reur de cette maison n'étant pas ordinairement dans les mêmes conditions que le vendeur, trouve toujours des changements à faire, des additions à créer, des portions inutiles à dé-molir; de là une dépréciation de valeur.

2º S'il est vrai qu'en général les capitaux se portent vers l'emploi le plus avantageux, cela n'est pas toujours vrai dans l'application ; car il s'en faut bien que des bâtiments que l'on construit rapportent autant que d'autres biens-fonds ou qu'un capital prêté ; bientôt la valeur que le constructeur a créée dans son intérêt ou ses vues personnelles, cesse d'exister ; la maison est mise en vente et fait concurrence avec d'autres maisons que l'on a bâties par pure spéculation ; le prix commun baisse nécessairement.

3º Les bâtiments ruraux sont ordinairement du genre le plus simple et le moins dispendieux, cependant ils ne peuvent presque jamais être vendus autant qu'ils ont coûté, parce que la destination cesse d'être la même ; par exemple, si les terres à l'exploitation desquelles ces bâtiments servaient sont vendues, ils perdent une grande partie de leur utilité.

4º Une maison nouvellement bâtie sera peut-être parfaitement appropriée à sa destination actuelle ; mais lorsqu'après un certain laps de temps les mêmes rapports de convenance n'existent plus et que des innovations ont eu lieu dans l'art de bâtir, cette maison a perdu une partie de sa valeur.

5° Il y a presque toujours un capital anéanti dans les constructions de bâtiments; il est très rare que l'on ne commette pas des fautes qu'il faut réparer, qu'il n'y ait pas de changements à faire au plan primitif avant que la construction soit achevée; c'est un excédant de dépenses perdu sans compensation.

Ainsi une partie de la valeur d'une maison neuve n'étant relative qu'aux convenances de celui qui l'a bâtie, ces convenances ont peu de prix pour de nouveaux propriétaires ou pour des locataires; il y a donc une perte nécessaire sur le capital foncier.

La nature des matériaux influe de diverses manières sur l'estimation. Les bâtiments construits en pans de bois et en torchis durent longtemps lorsqu'ils sont bien entretenus. On peut en général se loger à moins de frais en faisant construire des maisons avec ces matériaux qu'en les faisant construire en pierres. Une maison, construite en bois, qui a coûté 10,000 fr. de frais de bâtisse, peut contenir autant de logement qu'une maison bâtie en pierre et qui coûterait 15,000 fr. Le loyer de l'une et de l'autre pourrait être également de 500 fr.; mais la première exige plus de réparations que la seconde : nous supposons la différence de 50 fr. par an; ainsi, tandis que le revenu net de la maison en pierre demeure à 500 fr. ou à 3 p. 100 du prix de construction, la maison en bois rapporte 450 fr. ou 4 1/2 p. 100 du prix de construction.

Sous le point de vue des valeurs locatives et vénales, la construction des maisons en pierre ne présente que l'avantage de plus d'élégance et de moins de combustibilité, avantage trop peu important au premier aspect pour contre-balancer sous le rapport économique celui des constructions en bois, lorsque la différence des frais de bâtisse est un peu considérable. Mais la crainte des incendies, la cherté des bois et la facilité croissante des moyens de transport de la pierre tendent sans cesse à diminuer le nombre des maisons en bois et à augmenter celui des maisons en pierre.

On doit avoir soin, dans les estimations respectives de ces deux genres de construction, de bien poser la différence des frais d'entretien.

Si l'on suppose qu'indépendamment des réparations annuelles il soit nécessaire, au bout de vingt-cinq ans, de dépenser 6,000 fr. pour restaurer les bâtiments, cette somme réduite à sa valeur actuelle, équivaut à 1,772 fr. qu'il faut distraire de l'estimation.

Ordinairement on déduit un cinquième du revenu annuel pour les réparations ; c'est une espèce de réserve qui, par son accumulation, suffit aux grosses réparations lorsqu'elles surviennent, et même aux frais de reconstruction.

SECTION Iʳᵉ.

Des bâtiments de ferme.

Dans les estimations des fermes, les bâtiments sont ordinairement mal appréciés. Quelquefois on fait porter la valeur presque totale de la ferme sur les terres, prés, pâturages ; quelquefois on assigne aux bâtiments une évaluation arbitraire. Nous essaierons de distinguer les éléments d'une estimation exacte.

Supposons une ferme dont les bâtiments sont éloignés des autres habitations et qui rend 5,000 fr. de revenu. Les terres et prés contiennent 60 hectares ; le revenu moyen est de 50 fr. par hectare, y compris le loyer des bâtiments. La valeur vénale de la ferme, calculée à raison de 4 p. 100 du revenu, est de 75,000 fr.

Mais si ces bâtiments n'existaient pas, les terres ne seraient que difficilement cultivées, parce qu'il faudrait que des laboureurs vinssent des villages voisins ; l'excédant des frais de transport diminuerait le revenu d'un tiers ; le domaine non bâti ne rapporterait que 2,000 fr. Sa valeur en capital serait 50,000 fr.

L'excédant de valeur que procurent les bâtiments est donc de 25,000 fr. ; mais si leur construction n'a coûté que 20,000 fr., ils doivent être évalués à cette dernière somme seulement, et en retranchant encore la somme nécessaire pour les réparations et une espèce de capital d'amortissement, comme nous l'avons expliqué.

Si la construction a coûté plus de 25,000 fr. on doit la réduire à cette somme, en faisant encore les déductions dont nous venons de parler.

En procédant à l'estimation des bâtiments de ferme, on examine s'ils sont bien appropriés à leur destination. Il faut avoir égard aux habitudes locales. Par exemple, dans les pays où les récoltes se mettent en meules, les bâtiments sont moins vastes que dans les contrées où cet usage n'est pas établi.

SECTION II.

Des bâtiments de basse-cour et de quelques autres constructions.

Les bâtiments de basse-cour n'étant construits ordinairement que pour la seule utilité ou même par nécessité, leur valeur réelle se rapproche autant que possible des frais de construction, eu égard aux réparations qu'ils exigent ; il faut toutefois excepter les colombiers, qui ne sont pas évalués en général à moitié des frais de construction, surtout si cette construction remonte à une époque où elle se rattachait à un privilége ; les pavillons qui existent dans un grand nombre de jardins ont encore une moindre valeur vénale.

Quelquefois on évalue les puits, citernes et mares artificielles. On considère d'abord l'utilité ; car si ces puits ou citernes ne servent à rien et que leur entretien soit une charge, il est inutile de les évaluer, quand même leur construction aurait été dispendieuse. Si au contraire ils sont nécessaires, on examine leur genre de construction , l'état où ils se trouvent et ce qu'il en coûterait pour les entretenir. Ensuite on cherche combien on louerait la maison si le puits ou la citerne n'existait pas, et combien on peut la louer dans son état actuel. La différence fait connaître l'importance de ces objets, mais leur valeur ne peut jamais excéder les frais de construction. Il y a telle maison qui perdrait 10,000 fr. de sa valeur si elle était privée d'eau , tandis que l'on peut creuser et murer un puits pour 300 fr.

SECTION III.

Des châteaux et maisons de campagne.

Les maisons de campagne situées dans les environs des grandes villes ont une valeur qu'il est assez facile d'apprécier lorsqu'on a recherché la valeur locative.

Les châteaux éloignés des villes n'étant pas susceptibles de location, à moins que ce ne soit à vil prix, il est ordinairement fort difficile d'y attacher une valeur estimative. Il est même possible que les dépenses qu'entraîneraient les réparations nécessaires pour les rendre parfaitement habitables soient aussi élevées que la somme qui représente la valeur actuelle de ces bâtiments, en sorte que le locataire paierait à peine l'intérêt de ces dépenses pour son loyer.

Supposons un château dont la construction a coûté 300,000 fr., et que pour l'habiter il soit indispensable de dépenser 60,000 fr. en réparations. L'intérêt de cette dernière somme est de 3,000 fr. ; mais si le nouveau locataire ou un acquéreur ne veut pas que son loyer lui coûte plus de 4,000 fr., il ne reste que 20,000 fr. pour la valeur actuelle du château, ce qui revient à peu près à une estimation de matériaux.

En faisant une exception pour les maisons de campagne situées dans des sites privilégiés, on doit, pour tous les autres bâtiments de cette classe, considérer leur relation avec la terre dans laquelle ils sont situés. Un château entouré d'une terre qui ne vaut que 200,000 fr. en capital, doit être estimé à un prix moins élevé que si cette terre valait un million.

Si la terre est considérable et qu'elle soit dépourvue d'habitation, le propriétaire peut très raisonnablement y construire une maison qu'il habitera et qui lui facilitera les moyens de surveiller la gestion de sa propriété. La somme qu'il dépensera sera proportionnée à sa fortune totale et à l'importance de la terre; mais si après sa construction il s'agit d'estimer la valeur de cette maison, on ne devra envisager que ce dernier rapport, et encore il ne faudra pas calculer sur une durée indéfinie ; car la terre peut être partagée entre plusieurs propriétaires à une époque plus ou moins éloignée.

' La valeur d'une maison de campagne peut, dans certains cas, être constatée ainsi qu'il suit.

Supposons qu'un domaine rural puisse se vendre en gros sans y comprendre l'habitation, moyennant la somme de 100,000 fr., et qu'en y comprenant la maison sa valeur vénale soit de 115,000 fr.; il reste 15,000 fr. pour la valeur réelle de la maison. Mais si le domaine peut se vendre en détail ou par lots, il est possible que, non compris les bâtiments, on en retire plus de 115,000 fr., et alors il y a du profit à ne pas le vendre en bloc. La maison perdra probablement une partie de sa valeur; elle pourra servir d'habitation pour un cultivateur ou même pour de simples ouvriers, mais il y aura encore du bénéfice à décomposer ainsi l'ensemble de la propriété.

Telle est l'une des causes qui ont fait abandonner une partie des maisons de campagne par les anciens propriétaires.

Souvent on n'évalue un château que d'après la valeur des matériaux que l'on peut en tirer; quelque fâcheuse que soit la destruction des grands édifices, il n'en est pas moins nécessaire

quelquefois d'en faire l'estimation sous ce rapport et dans cette unique vue.

Les principaux matériaux, ceux qui ont une
valeur actuelle, sont le fer et le plomb. Quant
aux bois et aux pierres, comme ce sont des
objets de faible prix sous un volume considérable, les frais de démolition et de transport
doivent être retranchés de la valeur qu'on peut
leur assigner dans le lieu où ils sont placés.
Mais ces matériaux, taillés pour la place qu'ils
occupaient, conviennent rarement, dans l'état
où ils se trouvent, pour une autre destination;
il faut les retailler et en retrancher souvent une
bonne partie. Il s'en faut donc bien que leur
valeur réelle soit la même que leur valeur apparente.

Il faut encore considérer la lenteur du débit.
Par exemple, des matériaux vaudraient actuellement la somme de 100,000 fr. si l'on trouvait
à les vendre tous à la fois au taux courant, pour
en recevoir le prix immédiatement ou dans un
court délai; mais si la demande est peu considérable, s'il faut une période de 20 ans pour
les débiter en totalité par portions inégales,
leur valeur réelle est bien inférieure à cette

somme ; il faut déduire les intérêts, les frais de vente, le déchet ou le dépérissement, en sorte que la valeur réelle et actuelle peut ne pas dépasser 60,000 fr.

SECTION IV.

Des maisons situées dans les bourgs et villages.

Dans les campagnes, la valeur vénale d'une maison est bien plus éloignée de la somme qu'elle a coûté à bâtir qu'une maison située dans une ville, à moins qu'il ne s'agisse d'un bâtiment destiné à quelque industrie spéciale, comme une auberge, une fabrique.

En général, dans les campagnes une maison composée de logements, granges, écuries, etc., propre à être habitée par un cultivateur, ne peut être louée que sur le pied de 2 p. 100 du prix de construction.

A défaut de baux, les loyers sont estimés par comparaison avec des bâtiments situés dans des positions analogues.

Une grande maison, située dans un village et construite avec une certaine élégance, a une valeur particulière pour le propriétaire qui l'habite. Mais s'il ne possède point de domaines dans ce village et qu'il cesse d'occuper cette maison, elle ne peut s'estimer que d'après la valeur locative commune, qui est bien faible dans un village ; quelquefois on peut à peine la porter à un prix qui excède la valeur des matériaux.

SECTION V.

Des auberges, maisons de commerce, boutiques, magasins.

Dans les villes, les maisons prennent souvent beaucoup de valeur par l'effet de certaines circonstances.

Un commerce spécial et lucratif s'exerce depuis cent ans dans une maison dont tous les locataires se sont enrichis ; ils ont porté le loyer au-delà du double de la valeur des maisons voisines. Sera-ce une raison pour que le prix de ce loyer serve de base à l'estimation du bâtiment? Non, car le commerce peut décliner entre les mains d'un nouveau locataire, par son inhabileté ou par d'autres causes. L'estimateur devra donc prendre une moyenne qui s'éloignera d'autant plus de la valeur commune des bâtiments de même construction, situés dans le voisinage, que la probabilité de la continuation du succès du commerce ordinaire sera plus grande.

Une maison qui, depuis de longues années, sert d'auberge, acquiert une valeur locative indépendante de sa valeur moyenne considérée relativement aux bâtiments voisins de construction semblable. Si l'aubergiste ne peut quitter cette maison et transporter son industrie ailleurs sans risquer d'éprouver une grande perte, il se décide à augmenter le prix du bail, et le propriétaire de la maison participe au bénéfice; mais si celui-ci mettait sa propriété en vente, il serait douteux que le locataire fît pour l'acquérir un sacrifice proportionné à l'accroissement du loyer. Quant aux étrangers, ils prendraient en considération la probabilité de la durée plus ou moins longue de cet état de choses, et probablement leurs offres seraient calculées au taux de 6 à 7 p. 100 des revenus actuels.

Une auberge, une boutique ou magasin peuvent perdre une grande partie de leur importance par un changement de direction des affaires commerciales; il en serait de même si une nouvelle route ou une nouvelle rue devait être ouverte à quelque distance, de manière à changer la direction des voyageurs ou des acheteurs. Le constructeur qui a trouvé un local privilégié pour y construire un bâtiment de ce genre peut le vendre au-delà de la somme qu'il lui a coûté; mais dans ce cas le prix est composé de deux éléments : le premier est dans la valeur foncière du sol, qui est situé, par exemple, au point de jonction de deux grandes routes, sur une place publique, sur un port, sur les bords d'un canal ou d'un bassin; le second est dans la dépense nécessaire pour faire la construction. Le rapport de ces deux valeurs approche quelquefois de l'égalité, tandis que dans les campagnes le sol occupé par les bâtiments est compté à peu près pour rien.

SECTION VI.

Des maisons situées dans les villes.

Dans une grande ville dont la population tend à s'accroître, une maison située dans un quartier commerçant vaut souvent ce qu'elle a coûté au constructeur y compris le montant de l'acquisition du sol ; mais quelquefois l'acquéreur estime peu la bâtisse et il n'entend payer principalement que la valeur de la position, des matériaux et du sol. Il change presque toujours la distribution et quelquefois même la destination primitive des bâtiments.

On peut évaluer les bâtiments au mètre carré superficiel, en déterminant des prix différents et gradués comme nous allons l'indiquer :

1º A 200 fr. le mètre carré de terrain bâti ;

2º A 100 fr. le mètre carré de cour joignant la rue ;

3º A 50 fr. le mètre carré de cour à une certaine distance de la rue ;

4º A 20 fr. le mètre carré de jardin à une

distance encore plus grande de la voie publique.

Ces prix varient d'après toutes les influences dont nous essayons de donner une idée dans cet ouvrage.

En général, une maison qui est bâtie depuis un an se vendrait un cinquième au-dessous du prix qu'elle a coûté.

Dix ans plus tard elle se vendrait un quart de moins.

Vingt ans après cette dernière époque, la dépréciation serait beaucoup plus forte.

Cette circonstance tient moins au dépérissement et à l'usé qu'aux changements et aux perfectionnements qui surviennent dans l'art de bâtir, dans la manière de distribuer, de boiser, de paver, etc. En effet, on change tous les 30 ou 40 ans une multitude de détails intérieurs, ce qui ne dispense pas des réparations ordinaires.

La dépréciation est proportionnellement d'autant moins forte que la maison est située dans un quartier plus populeux, et d'autant plus élevée que le sol a moins de valeur.

En effet, supposons une maison de ville valant 100,000 fr. et une maison située dans un faubourg et valant également 100,000 fr.

Le sol entre dans la valeur de la première pour 30,000 fr. et dans la valeur de la seconde pour 1,000 fr.

Les constructions entrent dans l'estimation de la première pour 70,000 fr. et dans celle de la seconde pour 99,000 fr.

Les constructions des deux maisons ont perdu un tiers de leur valeur.

La maison de ville vaut encore 76,667 fr.

La maison du faubourg ne vaut plus que 67,000 fr.

L'estimation d'une maison de ville doit porter sur plusieurs éléments, dont le plus important est la position, soit au centre de la ville, soit dans les rues où se fait un commerce spécial, soit dans un quartier riche, soit dans la partie habitée par des gens qui ne sont ni riches ni commerçants.

Il ne suffirait pas, pour faire une appréciation exacte, de dire : « Telle maison, située sur le marché, dans la position la plus favorable au commerce, peut rapporter un revenu annuel

10

de 1,000 fr. ; nous l'estimons 20,000 fr. »

« Telle maison, située dans le faubourg, peut rapporter un revenu annuel de 1,000 fr.; donc celle-ci a la même valeur de 20,000 fr. que la première.»

On pourrait commettre une grave erreur.

Supposons que ces deux maisons soient d'anciennes constructions et arrivées au même degré de vétusté, en sorte que, dans 30 ans, il devienne nécessaire de les reconstruire. Elles devront, malgré l'apparence, recevoir une estimation bien différente; car le sol de la première peut valoir, abstraction faite de la construction, 10,000 fr., tandis que le sol de la seconde ne vaudra peut-être pas plus de 1,000 fr.

La différence entre la valeur actuelle de ces deux maisons est d'environ 5,000 fr. en faveur de celle qui est située dans une position favorable au commerce.

Il est donc indispensable, dans toute estimation de bâtiments, d'évaluer séparément le sol et les constructions.

Supposons dans une grande ville deux maisons d'un revenu égal, dont l'une a pour dépendances une grande cour et un jardin, et dont l'autre, plus considérable en bâtiments, n'a qu'une petite cour, toutes choses d'ailleurs semblables. Il est certain que, bien que le revenu soit égal pour les deux maisons, la dernière doit être évaluée à une moindre somme que la première ; car, d'une part, plus les bâtiments sont étendus, plus il y a de réparations à faire ; d'un autre côté, ce qui est plus important, la maison entourée d'un espace un peu vaste a bien des chances d'amélioration.

Ainsi, l'estimation d'une maison doit être faite :

1° D'après le loyer qu'elle rend ;

2° D'après la comparaison de ce loyer avec le loyer bien connu des maisons semblables ;

3° D'après la valeur courante du sol bâti et non bâti ;

4° D'après cette dernière estimation comparée avec la valeur bien connue des maisons semblables, toujours en faisant le plus grand nombre possible de comparaisons ;

5° D'après les améliorations dont cette maison est susceptible à raison de sa position ;

6° D'après les réparations qui peuvent être nécessaires ou utiles ;

7° Enfin, en ayant égard à l'action probable des causes extérieures, comme ouverture de nouvelles rues, établissements de commerce, etc.

CHAPITRE III.

DES FONDS DE TERRE DE DIVERSE NATURE.

SECTION Ire.

De l'évaluation du revenu des terres arables.

On peut employer deux méthodes différentes pour parvenir à une estimation exacte du revenu des terres :

1° La méthode raisonnée, qui consiste à rechercher le meilleur mode de culture, à déterminer la quotité du capital à employer, à évaluer les frais de culture et à apprécier la quantité, l'espèce et la valeur des récoltes, en un mot à faire le compte complet des dépenses et des recettes ;

2° La méthode expérimentale qui se borne à reconnaître et à constater les revenus obtenus pendant un certain nombre d'années et à les comparer avec les revenus du plus grand nombre possible de domaines semblables ; le prix des baux est le principal document à employer dans cette manière d'opérer.

Nous ferons précéder de quelques observations les détails dans lesquels nous nous proposons d'entrer.

Les fonds de terre sur lesquels on a fait des constructions et des travaux pour les mettre en culture, ne rapportent guère au-delà : 1º du revenu primitif que le sol pouvait rendre, comme le produit de l'herbe ou le fermage d'une pièce de terre éloignée des habitations; 2º de l'intérêt des capitaux employés aux constructions, desséchements, améliorations, etc. ; 3º de la rétribution de l'industrie qui a présidé à ces divers travaux ; 4º des salaires d'ouvriers employés à la culture, et de l'intérêt du capital circulant.

Cette espèce d'analyse de la valeur locative des terres, qui semble exclure tous les profits extraordinaires que l'on attend des entreprises agricoles, est sujette à plusieurs exceptions : 1º Les marais dont le desséchement est avantageux par l'effet du creusement d'un canal ou de l'ouverture d'une nouvelle route, rendent quelquefois des revenus considérables et hors de proportion avec l'intérêt de la mise de fonds ; 2° le sol des forêts que l'on défriche donne ordinairement une rente qui excède le revenu primitif de la forêt augmenté de l'intérêt des frais de défrichement et de construction ; 3° la vigne plantée dans des terrains très propres à cette culture rapporte bien au-delà de ce que le sol aurait produit en terre labourable, et de l'intérêt des avances.

Il est encore quelques rares exceptions.

Un estimateur doit toujours faire connaître l'étendue superficielle du sol dont il s'occupe. Dans une partie de la France, les mesures agraires ne sont pas encore connues des cultivateurs qui évaluent l'importance et l'étendue des terres arables par la quantité de semences qu'elles peuvent recevoir. Par exemple, ils désignent un champ pour la contenance d'un hectolitre, ce qui veut dire que l'on y répand un hectolitre de semence ; mais une autre pièce de terre plus ou moins étendue, mais de qualité différente, peut exiger également un hectolitre de semence, en sorte que des étendues de terrains bien différentes sont exprimées par une mesure identique.

La surface des prés est indiquée par le nombre de *chars* de foin que l'on y récolte ordinairement, quelle que soit d'ailleurs la contenance superficielle. La surface des pâturages s'évalue par le nombre de bœufs ou de vaches que l'on peut y faire paître dans un temps donné ; ainsi un pré de 5 hectares et un pré de 10 hectares, s'ils nourrissent le même nombre de bœufs ou de vaches, seront désignés par la même expression.

Ces mesures locales, toutes défectueuses qu'elles paraissent, ont le mérite de présenter un certain rapport avec la fertilité du sol. Cependant il faut bien se garder de considérer ce rapport comme exact dans toutes les circonstances ; un pré d'un hectare qui produit 6 chars de foin vaut mieux, toutes choses égales, qu'un pré de 2 hectares qui produit la même quantité de foin ; car le premier exige moins de frais pour être clos, arrosé et récolté.

La combinaison des mesures agraires métriques avec cette méthode ancienne d'évaluer les surfaces, conduira à une appréciation exacte des valeurs par la rectification des erreurs que contiendraient les appréciations des revenus.

Supposons deux pièces de terres dont l'une est évaluée à 1 hectolitre et l'autre à 90 litres, et qui sont d'ailleurs égales en fertilité ; la dimensuration apprend que ces deux terrains sont égaux en étendue superficielle ; voilà des éléments contradictoires qui ne peuvent pas être tous exacts ; une vérification est donc nécessaire ; on recourt alors au sondage, à un nouvel examen du sol, à de nouvelles indications, à la recherche du produit des terres semblables. Enfin on se livre à une investigation qui puisse conduire à la connaissance de la valeur exacte.

Le prix des denrées est l'une des données de l'estimation des biens-fonds ; ce prix se calcule d'après les mercuriales du marché où ces denrées se vendent ordinairement ; l'usage est de calculer sur les nombres relevés pour 15 années ; mais il vaut mieux prendre une période plus longue, s'il est possible ; on retranche ordinairement les deux années fortes et les deux années faibles ; cela ne sert à rien depuis que les inégalités entre le prix des denrées d'une année à l'autre sont bien moins fortes qu'elles ne l'étaient autrefois, lorsque, faute de grandes routes, les communications étaient très dispendieuses entre les différents marchés; ces inégalités tendent à s'affaiblir encore, à raison de la variété des produits de l'agriculture moderne.

Au fond, ce n'est point sur les valeurs des temps écoulés que l'on calculerait l'estimation d'un immeuble, si les chances de l'avenir étaient connues; on ne se sert de l'appréciation des revenus du passé que comme d'une donnée, la moins imparfaite possible, pour des calculs qui doivent conduire à un résultat admis pour exact.

SECTION II.

Des prairies naturelles.

Les prairies naturelles se divisent en plusieurs classes :

Prés irrigables à volonté;

Prés arrosés naturellement par les débordements des rivières et qui donnent rarement des regains;

Prés de grosse herbe;

Prés qui ne sont arrosés que par des eaux pluviales;

Prés appelés *herbages*, prés d'*embouche*, dont l'herbe ne se fauche pas et est mangée par le bétail que l'on nourrit et que l'on engraisse.

Les cours d'eau qui arrosent des prairies, soit naturellement, soit artificiellement, leur donnent une véritable valeur, laquelle se confond souvent avec celle des cours d'eau.

Le sol d'une prairie, qui peut être arrosée à volonté, se vend quelquefois à raison de 6 à 8,000 fr. l'hectare, tandis que, sans cet avantage, il ne vaudrait pas moitié de ce prix ; mais il faut compter comme partie intégrante de cette valeur tous les travaux d'art exécutés pour établir la distribution des eaux et pour les faire pénétrer dans toutes les parties de la prairie. Il faut remarquer qu'outre leur action annuelle, elles en exercent une autre à la longue qui consiste à amener des engrais et à les déposer sur le sol qu'elles améliorent ainsi dans une longue période.

Mais de la seule possibilité de profiter d'un cours d'eau pour arroser une prairie qui a été longtemps négligée, il ne s'ensuit pas que l'emploi de cette ressource puisse être immédiate

et d'un succès assuré ; elle ne peut motiver ordinairement qu'une faible addition à l'estimation
de la valeur vénale actuelle. En général, toute
possibilité d'amélioration ne doit être évaluée
qu'avec une extrème circonspection ; car souvent
elle exige des déboursés considérables, et le succès est presque toujours éloigné, quand il n'est
pas incertain.

Cependant la différence entre la valeur d'un
pré non arrosé, et la valeur du même pré lorsqu'il peut être soumis facilement à une irrigation régulière, est telle qu'il est impossible de la
négliger.

Un pré non arrosé, situé dans une vallée, vaudrait, par exemple, 900 fr. par hectare ; le même
pré, s'il était soumis à de faciles et régulières
irrigations, vaudrait 3,600 fr. par hectare.

S'il s'agit de faire une dépense de 400 fr. par
hectare pour obtenir ce résultat, il semble que,
même avant toute amélioration, l'on pourrait
porter la valeur de ce pré à 3,000 fr. par hectare environ, en ayant égard à la durée du temps
nécessaire pour la mettre en valeur ; mais l'incertitude du succès doit être mise en balance, à

moins que l'on ne connaisse parfaitement la position, la quantité et la qualité des eaux dont on peut disposer.

Un pré arrosé à volonté produit par an deux bonnes récoltes, et quelquefois trois récoltes, dont la valeur s'élève annuellement de 200 à 240 fr. par hectare.

Un hectare de pré arrosé pendant les crues ou par les eaux pluviales, sans être irrigable à volonté, rend 4,500 kilogr. de foin par hectare, qui valent :

Si le foin est de bonne qualité, 40 fr. par 1,000 kilogr., et la récolte totale. . .   180 fr.

Si le foin est de deuxième qualité, le millier métrique vaut 30 fr., total. . .   135

Si le foin est de troisième qualité, le millier métrique vaut 20 fr., ce qui fait pour la récolte totale d'un hectare. . .   90

Il faut remarquer que les frais d'exploitation sont déduits, et que ces frais sont les mêmes pour un pré de troisième classe que pour un pré de première qualité, à quantité égale de foin récolté.

Cette estimation s'applique à la première récolte seulement; la seconde ne peut entrer en ligne de compte que pour les prairies où la vaine pâture n'est pas permise après la première récolte.

Nous placerons ici une remarque importante : lorsque le propriétaire vend annuellement ses récoltes, il recueille, au bout d'une certaine période, de 9 ans par exemple, une somme plus forte que s'il avait fait un bail de 9 ans ; car **un** fermier ne s'engage pour 9 années consécutives que dans l'espoir d'obtenir un meilleur prix que s'il achetait annuellement la récolte des **prés** dont il se rend le fermier.

Le produit d'un pré s'évalue ordinairement par la combinaison de la quantité, de la qualité et du prix du foin qu'il rapporte ; mais cela ne suffit pas ; il faut encore avoir égard à la distance du marché, et surtout aux frais d'entretien, d'irrigation, et aux réparations qu'il exige ; il faut apprécier la dépendance dans laquelle un pré se trouve d'une exploitation de domaine pour laquelle on le considère comme indispensable.

Nous ferons comprendre cette dernière observation par un exemple.

Dans un très grand nombre de domaines isolés ou agglomérés, on trouve une moyenne de **50** hectares de terres labourables et de 20 hectares de prés pour chaque ferme, qui est en outre pourvue de bâtiments d'exploitation.

Le revenu moyen et net est de 2,400 fr. Mais si l'on affermait les prés séparément, ils rendraient 2,000 fr. de revenu, et les 400 fr. restants ne représentent que le loyer des bâtiments.

Ainsi les terres arables semblent n'entrer pour rien dans ce revenu.

Cependant il ne peut pas en être ainsi; car elles produisent ordinairement bien au-delà des frais de culture; mais cet excédant est consommé par les fermiers qui n'emploient pas pour l'exploitation de la ferme les procédés les plus productifs et les plus économiques.

Dans des positions semblables, on ne peut obtenir d'amélioration sur le revenu net qu'en retirant de la ferme une partie des prés pour obliger les fermiers à semer des prairies artificielles.

L'estimation doit se faire sous plusieurs points de vue et d'après plusieurs modes différents :

1º D'après le prix du dernier bail comparé à celui des anciens baux ;

2º D'après la valeur locative des fermes dans le voisinage ;

3º D'après la valeur vénale locale, soit en bloc, si le domaine n'est pas susceptible de morcellement, soit en détail, si l'on peut vendre les fonds séparément.

Par une seconde estimation, on apprécie séparément la valeur locative des terres et la valeur locative des prés, d'après des comparaisons prises dans le voisinage.

Toutes ces estimations se contrôlent et s'appuient réciproquement.

Les prés dont l'herbe ne se fauche pas, mais qui sont livrés au pâturage, s'évaluent ordinairement d'après le nombre et l'espèce des bestiaux qu'ils peuvent nourrir.

Les valeurs varient suivant la quantité et la qualité de l'herbe ; il est des herbages qui engraissent le bétail beaucoup plus rapidement que d'autres. La proximité ou l'éloignement des marchés doit entrer en compensation ; l'éloignement du marché ne présente pas seulement des inconvénients pour les frais de transport, mais pour les risques que court la vie des bestiaux dans le trajet et pour le dépérissement qu'ils éprouvent.

A l'occasion des pâturages, nous parlerons de l'estimation des enclos.

Les enclos donnent ordinairement des produits plus considérables que les terrains ouverts, parce qu'on les consacre à des cultures particulières et exceptionnelles ; mais pour peu que la clôture soit dispendieuse, l'intérêt des frais de son établissement n'est pas couvert par l'excédant de produit qu'elle procure.

Dans les contrées du centre de la France, les bestiaux paissent dans des terrains clos ; on épargne ainsi les frais de la garde de ces animaux ; les haies coûtent peu de chose ; elles pourraient même rapporter un certain produit si elles étaient plantées d'arbres entre lesquels croîtraient des épines ; c'est l'espèce de haie dont les héritages sont entourés en Angleterre ; mais si l'on construit un mur de clôture, les frais de construction ne rapportent presque jamais un intérêt qui dépasse 1 p. 100 ; ces frais varient avec l'étendue des enclos ; mais **non dans** une proportion simple.

En effet, supposons un enclos d'un **hectare** dont le périmètre soit de 500 mètres ; supposons encore qu'il soit entouré d'un mur de clôture qui coûte 4 fr. par mètre ; les frais s'élèveront à 2,000 fr. pour un hectare.

Mais si l'on a un enclos de 20 hectares, **le** pourtour s'étendra sur une longueur d'environ 2,000 mètres ; la dépense s'élèvera à **8,000 fr.** au même taux de 4 fr. par mètre, ce qui fera 400 fr. de frais de clôture par hectare ; ainsi les frais diminuent dans une forte proportion, à mesure que l'étendue des terrains augmente ; ces frais s'accroissent au contraire à mesure que la figure de l'enclos est plus irrégulière et qu'elle se rapproche moins du carré.

Ainsi lorsqu'on évaluera un terrain clos **ou** susceptible de l'être, on pèsera ces différences ; il est possible que les frais d'entretien d'un **mur** soient si onéreux que l'avantage pécuniaire de la clôture en soit réduit à rien.

L'état où se trouvent les clôtures influera sur leur estimation.

Les clos entourés de murs ou de haies perdent de leur valeur à mesure que la police rurale devient plus active, plus répressive et plus efficace.

Après cette digression sur les enclos, revenons au sujet principal.

Lorsque le revenu d'un pré ou d'un herbage est bien connu, la valeur vénale se déduit facilement.

Un pré situé dans une vallée périodiquement inondée, et non susceptible d'être converti en terre labourable, se vendrait à raison de 4 1/2 p. 100 du revenu net; le taux est plus élevé si l'inondation n'a pas lieu à l'époque de la croissance de l'herbe, et si, après avoir déposé un limon fertilisant, les eaux se retirent promptement.

Un herbage situé dans une contrée riche se vend à raison de 2 1/2 p. 100 du revenu net.

Un pré susceptible d'être converti en terre labourable se vend au taux de 5 p. 100 du revenu net.

Un pré qui n'est pas périodiquement inondé, et dans lequel on ne met jamais d'amendement ni d'engrais, ne rend qu'un revenu net bien inférieur à celui d'un pré qui est fumé ou amendé. Dans ces deux cas, la valeur vénale sera la même si l'on ne consulte que la position ou la qualité du sol; mais elle sera bien différente si l'on calcule d'après le produit net réel.

Ce dernier produit ne pourra servir de base d'estimation, à moins que la différence entre ces deux prés ne soit établie par un usage qu'il ne paraisse pas possible de changer. Mais si la qualité du sol est identique, les différences de revenu tendent à s'effacer, et c'est l'un des cas nombreux où l'estimation doit être fondée sur un taux moyen.

Supposons deux prés dont le sol, la position et l'étendue sont les mêmes; le premier, qui n'est ni fumé ni amendé, rapporte 80 fr. par an; sa valeur, à raison de 3 1/2 p. 100 du revenu net, est de 2,205 fr.

Le second, qui est habituellement fumé, rapporte 120 fr. de revenu; sa valeur vénale, calculée sur la même base de 3 1/2 p. 100, serait de 3,428 fr.

Mais comme le système d'entretien de ces

deux prés peut subir un changement, le revenu de l'un peut augmenter, tandis que le revenu de l'autre peut décroître.

Il faut remarquer un autre fait; la qualité de l'herbe peut s'améliorer; elle peut se détériorer sans que le pré perde proportionnellement de sa valeur; car l'herbe produite dans le premier cas peut diminuer de volume, tandis que la qualité s'améliore. Cependant l'estimateur doit examiner avec une attention éclairée les espèces d'herbes dont la prairie est semée. Il apprendra dans la *Maison rustique* (tome 1, chap. 18), s'il ne le sait déjà, quels sont les caractères de ces plantes, et leur mérite sous le rapport de la qualité du foin. Il les reconnaîtra facilement à l'aide de leur description et des planches. Il s'assurera s'il est possible de faire disparaître, sans trop de frais, les plantes peu utiles ou nuisibles, pour les remplacer par d'autres herbages; opération qui exige ordinairement quelques travaux préliminaires d'assainissement ou d'irrigation. Il remarquera que le degré de sécheresse ou d'humidité du sol influe sur la saveur de l'herbe et sur son poids; il s'assurera si la mauvaise qualité des herbes ne tient pas à des causes étrangères, comme une retenue d'eau au-dessus du niveau naturel du courant.

Un pré qui n'est pas susceptible d'une culture arable a beaucoup moins de prix vénal que celui qui peut être cultivé avec profit. La différence est principalement fondée sur ce que les habitants des campagnes ne peuvent pas appliquer leur travail à un pré qui n'est pas susceptible d'être mis en culture.

Un champ d'un hectare peut rendre un produit brut de 600 fr.; le travail et la rémunération des soins du cultivateur absorbent 300 fr.; l'excédant forme la rente sur laquelle est calculée la valeur vénale.

Mais les frais de la récolte d'un hectare de pré, et les soins qu'exige son entretien ne dépassent guère 50 fr. par hectare. Cette observation est surtout applicable dans les contrées bien peuplées.

Nous ne dirons qu'un mot des pâturages qui appartiennent à des communautés d'habitants ; ils rapportent peu en général ; car le parcours des troupeaux n'étant point régularisé , et l'herbe étant rongée presque aussitôt qu'elle paraît, la production est peu considérable ; l'esimation sera faite en raison composée du produit actuel et du produit possible, selon la probabilité que le terrain sera soumis à une culture semblable à celle des terres du voisinage, ou qu'il restera dans l'état où il se trouve.

Cependant il est à remarquer qu'une propriété communale, ne pouvant pas être administrée avec le même soin qu'une propriété privée, ne doit pas être estimée au même taux.

SECTION III.

Des prairies artificielles.

La culture des prairies artificielles ajoute à la valeur du sol; car celui qui veut se livrer à cette culture est obligé de choisir des terres à blé qui soient situées dans une position convenable, le plus près possible des habitations, et dont l'accès soit facilité par le voisinage d'une route ou d'un chemin. Les terres qui se trouvent dans cette situation doivent donc devenir plus chères à la longue que celles qui ne réunissent pas ces avantages.

La différence sous ces divers rapports ne peut pas s'élever bien haut ; car la plupart des terres sont propres à la culture de l'une des espèces de plantes fourragères que nous désignons sous la dénomination commune de fourrages artificiels.

Supposons qu'un fermier intelligent et disposant d'un capital plus fort que celui de ses voisins exploite 56 hectares de terres labourables qui entrent dans le prix total de sa ferme pour 2,800 fr. ; il sème 30 hectares en sainfoin, trèfle ou luzerne, et il possède un nombre suffisant de bestiaux pour consommer les récoltes.

Supposons encore que les frais de labour, d'engrais, d'ensemencement, s'élèvent à 300 fr. par hectare, ces frais seront, au total, de 9,000 f.

Le produit annuel de ces prés artificiels est de 250 fr. par hectare, déduction faite des frais de récolte, ce qui portera le produit brut et total de 30 hectares à la somme de 7,500 fr. par an.

La durée de la prairie est supposée de 9 ans ; ainsi chaque année ce fermier doit retirer d'abord le neuvième du capital de 9,000 fr. dont il a fait l'avance. . . . . 1,000 f.

Nous déduirons en outre l'intérèt de ce capital décroissant, en calculant au taux de 5 p. 100; la moyenne par an est de. 250

Il faut déduire en outre le fermage que nous supposons de 50 fr. par hec-tare, et en tout de. 1,500

Déduction totale et annuelle . . . 2,750

Défalquant cette somme de celle de 7,500 fr. qui exprime la valeur du produit annuel, le bénéfice sera de 4,750 fr. par an, somme qui excède le loyer de la ferme entière; mais cette même somme ne doit entrer dans une augmentation du fermage que pour une faible partie; car le fermier aurait pu exercer ailleurs la même industrie; seulement il est juste que son fermage augmente à raison des avantages que la ferme en question peut lui offrir au-delà de ceux que présenteraient d'autres fermes. Ainsi le prix du bail pourrait s'élever de 2,800 à 3,200 fr. sans que le fermier jugeât avantageux pour lui de changer de position.

La valeur moyenne d'une ferme s'établit généralement d'après les profits qu'elle peut procurer en l'exploitant suivant le mode usité dans la localité.

Une connaissance plus approfondie des qualités du sol et de son appropriation aux diverses cultures, apprendra à placer chaque espèce de plante fourragère dans les terres qui lui conviendront le mieux, et ces terres en acquerront une valeur relative plus forte. Cet effet se fera sentir surtout dans les lieux éloignés des prairies naturelles.

L'introduction des prairies artificielles ne peut diminuer que momentanément la valeur des prés naturels, attendu que l'augmentation graduelle des fourrages fait accroître le nombre des bestiaux dans la même proportion ; d'un autre côté, les récoltes des prairies artificielles manquent ordinairement dans les années de sécheresse, et alors on est obligé de recourir aux récoltes des prés naturels. D'ailleurs le sol de ces derniers est naturellement plus fertile que celui des terres labourables et ne tend pas à s'épuiser ; nous avons déjà vu, au contraire, qu'il s'améliore continuellement.

SECTION IV.

Des vignes.

Les produits de la vigne sont si éventuels, si inégaux, soit relativement à leur abondance, soit pour leur qualité, qu'il est bien difficile d'établir un revenu précis, car, en supposant que l'on puisse former un tableau exact des récoltes pendant un grand nombre d'années, il serait presque impossible d'en tirer des inductions positives et d'une grande justesse ; en effet, si une vigne âgée de 50 ans donne des récoltes d'une meilleure qualité que les vignes âgées de 7 à 8 ans, celles-ci rapportent des produits bien autrement abondants.

La valeur locative ne peut faire une base positive, à moins qu'elle ne soit établie sur un bail d'une très longue durée et que le sol ne soit propre à d'autres cultures. En général, la valeur locative ne dépasse pas la moitié de la valeur de la récolte lorsque la vigne est dans sa force ; elle peut descendre jusqu'à une somme égale à la valeur locative qu'aurait le sol s'il était réduit en nature de terres labourables.

Il est très difficile d'asseoir le revenu imposable d'une vigne pour l'assiette de la contribution foncière ; aussi trouve-t-on dans les évaluations de vignobles à peu près égaux en valeur des inégalités frappantes ; les éléments, quelque nombreux qu'ils soient, présentent toujours un caractère vague ou incertain ; en sorte que la plupart des calculs que l'on fonde là-dessus sont erronés. A défaut de données exactes, on est obligé de se jeter dans des généralités ou de se perdre dans des détails qu'il est souvent impossible de coordonner. Le meilleur moyen est de se reporter au résultat le plus simple ; c'est la valeur vénale établie dans la contrée par un grand nombre de ventes du sol.

Par exemple, une vigne âgée de 25 ans se vendrait à raison de 3,000 fr. l'hectare. Nous supposerons qu'elle est rajeunie par des travaux annuels, de manière à durer indéfiniment ; on doit présumer que l'acquéreur aura voulu placer son argent à 4 p. 100, en sorte que le revenu net devra être évalué 120 fr. par hectare. L'estimation de la valeur vénale se fonde sur un grand nombre de comparaisons, sous le rapport du sol, de l'exposition, de la qualité du vin, etc.

Il est évident que cette marche inverse, suivant laquelle on déduit le revenu du capital et non le capital du revenu, est meilleure que celle qui partirait d'un revenu variable que l'on ne peut saisir même approximativement. En général, les vignes ne sont pas affermées en argent, mais elles ont un prix vénal moyen, résultat d'un grand nombre de ventes.

Cependant l'estimateur recueillera et réunira avec soin tous les éléments de valeur qu'il pourra saisir; il ne négligera aucune considération qui pourrait les modifier.

Il est certain qu'une vigne ne rapporte, en général, qu'un fermage égal, 1^0 à la rente du sol; 2^0 à l'intérêt du prix des travaux de défrichement et de plantation de la vigne.

Le revenu croît graduellement pendant quelques années et tend à décroître lorsque la vigne commence à s'user; en général, si elle est affermée, il faudrait un bail qui embrasserait toutes les périodes de sa durée, autrement le fermier ne ferait aucune amélioration; mais les baux ont presque toujours une durée trop limitée.

Le revenu réel d'une vigne que le propriétaire fait cultiver par des vignerons salariés en argent se compose : 1º du fermage qu'il obtiendrait en la donnant à bail ; 2º de la rémunération des soins qu'il donne à l'entretien et à la culture.

L'expérience apprend que si le propriétaire ne peut pas exercer une surveillance presque continuelle pour cette culture, la vigne perd une grande partie de sa valeur, et, qu'après une durée de 2 ou 3 baux, il devient indispensable de l'arracher.

Une donnée essentielle du problème de l'estimation d'une vigne, c'est l'appréciation de la valeur du sol, indépendamment de sa culture en vigne, c'est-à-dire en supposant qu'il soit cultivé comme terre arable.

Supposons une vigne dont le sol vaudrait 5,000 fr. l'hectare en terre labourable, et 4,500 fr. l'hectare en nature de vigne : on ne peut donner à cette vigne une estimation de 4,500 fr. par hectare, car elle peut dépérir, elle peut même être détruite ; mais on ne doit, dans

aucun cas, lui assigner une valeur moindre de
3,000 fr. par hectare.

Si le sol nu, bien différent du premier, ne
vaut que 400 fr. par hectare, en le supposant réduit à l'état de terre labourable, et que sa valeur
en vigne soit de 4,500 fr. par hectare, il ne faudrait descendre en aucun cas le *minimum* de
l'estimation à 400 fr. l'hectare, car un sol si
favorable à la culture de la vigne conserverait
toujours une grande valeur, quand même il serait
réduit à l'état de friche.

Il s'agirait dans cette dernière supposition de
calculer : 1° combien il en coûterait pour le
replanter en vigne ; 2° combien de temps il faudrait attendre pour la jouissance du revenu ;
3° combien il y aurait de pertes d'intérêts à
supporter sur la mise du capital. Il est inutile de
donner des formules ou de recourir à des tables
pour des calculs aussi simples.

On doit encore avoir soin de tenir compte des
chances de non-succès, car les plantations de
vignes ne réussissent pas toujours ; il faut surtout
tenir compte de la non-jouissance dans l'intervalle qui doit exister entre l'époque de l'arrachement d'une vigne et celle de sa replantation,

inlervalle qui ne peut être moindre de sept à huit années.

Les terres labourables situées dans le voisinage des vignobles ou dans toute autre position favorable à la culture de la vigne, et qui se louent, par exemple, 50 fr. par hectare dans leur état actuel, pourraient souvent être affermées à long bail à raison de 100 fr. par hectare et par an, en donnant au fermier la faculté de les planter en vigne et de les rendre en nature de terre ou de vigne à l'expiration de vingt-quatre ou vingt-cinq années.

Les vignes qui produisent des vins d'une qualité particulière et d'un prix élevé se vendent très cher; mais là-dessus il y a plusieurs observations à faire. 1° Si la réputation de ce vin s'étend au loin, et qu'il n'y ait nulle part d'autre vin d'une qualité à peu près semblable, le prix de ce monopole n'a de bornes que dans le goût des amateurs, leur fortune, la mode, etc. 2° Si, au contraire, on peut vendre sous le même nom d'autres vins de moindre qualité, et qu'il ne soit pas possible de prévenir la fraude, le vin qui provient véritablement du cru renommé a peu d'avantages lorsqu'il est présenté sur le marché, attendu qu'un très petit nombre d'acheteurs pourront le reconnaître, et que la concurrence peut être très grande si les vignes voisines fournissent du vin peu inférieur en qualité, ou même si l'art parvient à opérer une ressemblance factice, et que tous ces vins soient offerts au public sous le nom des crus renommés ; la valeur vénale de ces derniers subit une diminution à raison de ces diverses fraudes.

Cependant lorsqu'on fait une estimation du vignoble renommé et des vignes voisines qui sont de même qualité, on doit avoir égard à la différence du prix provenant de la réputation ; mais cette différence nominale ne sera pas portée à son *maximum*, puisqu'elle tend chaque jour à se rapprocher de la différence réelle.

Une considération de la plus grande importance est celle qui concerne le mode de culture, ou, pour parler avec plus de précision, la quantité de travail appliquée sur le sol. Une vigne située dans une terre forte et dans laquelle on fait par an quatre labours, des sarclages, qui exigent un travail moitié plus considérable que celui des vignes ordinaires, produit ordinairement une grande quantité de vin et se vend souvent aussi cher, à étendue égale, qu'une vigne des crus les plus renommés, quoique le prix d'un hectolitre de vin provenant de la première atteigne à peine le quart du prix d'un hectolitre de vin provenant de la seconde.

Aussi la valeur, soit locative, soit vénale, d'une vigne se compose d'un assez grand nombre d'éléments divers : 1º la fertilité du sol : mais cet élément n'est souvent que secondaire ; 2º l'exposition qui influe et sur l'abondance et sur la qualité des produits ; 3º l'état de vigueur ou de vétusté dans lequel se trouve la vigne ; 4º la réputation des vins qu'elle produit et leur prix vénal moyen ; 5º la valeur du capital employé à la culture.

Si l'on s'élève à des considérations générales, on reconnaîtra que le perfectionnement des voies de communication sera favorable aux vignobles les plus fertiles et à ceux qui, à quantité égale, produisent du vin à meilleur marché, et que ces mêmes facilités pour les transports tendent à déprécier la valeur des vignes de dernière classe, qui ne pourront soutenir la concurrence des vins qui arrivent sur un marché où ils ne pouvaient parvenir auparavant.

La fertilité d'un vignoble est due moins à la qualité qu'à la bonne exposition du sol et à la rareté des gelées, coulure et autres accidents qui détruisent le raisin ou qui tendent à en retarder la maturité.

Les bâtiments qui servent à l'exploitation des vignes doivent être évalués dans le rapport qu'ils ont avec la valeur du fonds dont ils forment une sorte d'accessoire.

Les pressoirs, les cuves qui sont nécessaires dans les vignobles, ont exigé d'abord les débourés nécessaires pour la construction des bâtiments où ils sont placés ; ensuite il a fallu un autre capital pour subvenir à la dépense de la confection des ustensiles et machines. Ces objets sont ordinairement placés à demeure et doivent être estimés avec les immeubles dans les cas de partage et licitation.

La première observation à faire est que ces constructions et machines ont coûté ordinairement beaucoup plus qu'elles ne peuvent être évaluées, et qu'elles tirent leur valeur des vignobles à l'exploitation desquels elles sont employées.

La seconde est qu'il faut distinguer entre les

objets réellement et constamment utiles, et ceux qui ne présentent pas ce double caractère. Telle construction eût pu être beaucoup mieux faite, ou bien elle peut devenir d'une faible utilité.

Cette partie de la propriété foncière ne doit pas toujours être évaluée d'après la valeur vénale de l'ensemble, puisqu'elle ne tire son mérite que du vignoble qu'elle dessert, et que si elle en était séparée, son prix pourrait être réduit à la seule valeur des matériaux, surtout si les frais de transport pour conduire les machines dans un autre endroit où elles pourraient être de quelque utilité sont considérables.

Si le vignoble est divisé, par l'effet d'un partage, en deux ou trois lots, et que les bâtiments, pressoirs et ustensiles qui servaient pour la totalité du domaine ne soient désormais affectés qu'à un seul lot, il est évident qu'ils perdent beaucoup de leur importance et que cette circonstance doit en faire diminuer l'estimation.

On pourra d'abord évaluer le domaine au prix qu'il vaudrait si ces bâtiments et accessoires n'existaient pas, ensuite évaluer ce même domaine au prix qu'il vaut avec les bâtiments et accessoires. La différence indique la valeur de ces derniers objets ; cependant une estimation partielle et une estimation en bloc sont nécessaires comme moyens respectifs de vérification.

La grande variété que l'on remarque entre les divers modes de culture de la vigne ne permet guère d'évaluer avec quelque exactitude la moyenne des frais de culture d'une étendue déterminée, par exemple, d'un hectare.

La valeur vénale des vignes, dans les contrées où on les cultive à la houe, est plus élevée que dans celles où on les laboure à la charrue; mais cette haute valeur tend à décroître bien plus rapidement dans les premières contrées que dans les secondes. Les labours se font avec des bœufs dans les vignes des plaines ou des coteaux peu inclinés du Languedoc et du Bordelais, ce qui tend à diminuer la quantité de travail employée pour cette culture.

Voici le relevé des frais de culture d'un hectare de vigne en Touraine.

1º Façons d'un hectare de vigne, comprenant le déchaussage, la taille et trois labours à la pioche. . . . . 45 f.

2º Ouverture et couchage de 450 provins. 12

A reporter. . . . 57

Report. . .   57 f.

3⁰ Transport de terre pour les pro-vins.   6

4⁰ Fumier.   45

5⁰ Transport des terres pour réparer le sol.   10

6⁰ Pour diminution annuelle sur la valeur de la vigne.   45

7⁰ Façon après vendange.   11

8⁰ Entretien annuel des pressoirs et ustensiles.   6

9⁰ Logement du vigneron.   10

10⁰ Prix de sept fûts ou poinçons à 7 fr., 49 fr.; mais comme il ne s'agit que de remplacer les vieux poinçons qui ne peuvent plus servir, on doit mettre en ligne de compte seulement 10 francs.   10

11⁰ Frais de vendange pour 7 poin-çons.   33

12⁰ Mémoire des tonneliers.   6

13⁰ Impôt foncier.   18

———

263 f.

La valeur moyenne d'une récolte est de

450 fr. par hectare, par conséquent le revenu net est de 187 fr. par hectare.

La valeur vénale d'un hectare de vigne s'élève de 4,000 à 4,500 fr.

Nous allons donner le relevé des frais de culture d'un hectare de vigne en Bourgogne.

1° Pour arracher, aiguiser, mettre en tas les échalas ou paisseaux. . . . . 11 f.

2° Pour provigner. 58

3° Pour porter les terres. 55

4° Pour tailler la vigne. 55

5° Premier labour. 29

6° Deuxième labour. 21

7° Troisième labour. 19

8° Planter les échalas et les lier au cep. 12

9° Accoler, relever le cep. 11

10° Entretien et renouvellement annuel des échalas. 46

11° Liens de chanvre ou de paille. . 9

12° Frais de vendange. 24
                                      ———
                                      310

Le produit total de la récolte peut être évalué en moyenne à 460 fr. par hectare; le revenu est par conséquent de 150 fr. depuis l'époque où la vigne commence à entrer en rapport jusqu'à celle où il faut l'arracher.

La moyenne du produit est de 25 hectolitres de vin par hectare; le plant qui donne des vins de première qualité produit beaucoup moins que cette moyenne; mais les plants qui donnent le vin commun rendent bien davantage.

Il est indispensable de faire une distinction entre les vignes qui se renouvellent périodiquement par des provins, et celles que l'on arrache au bout de 30 à 40 ans.

Au résumé, pour estimer une vigne on examinera :

1º La valeur vénale des vignes de même nature dans la localité;

2º Le produit moyen d'un certain nombre d'années, la quantité de vin produite et sa valeur en argent;

3º Le rapport entre la valeur de la récolte et la dépense moyenne des frais de culture, par exemple si le vigneron cultive à moitié fruit, ou s'il a les deux tiers de la récolte;

4º La durée de la vigne, soit qu'on la provigne, soit qu'on la renouvelle en entier;

5⁰ Le produit du sol dans les intervalles entre l'arrachement et la replantation ;

6⁰ Les frais de plantation et autres déboursés dans la période pendant laquelle la vigne nouvellement plantée ne rapporte rien.

Le prix moyen du vin pendant un certain nombre d'années se détermine par des relevés sur les registres des mercuriales des marchés, ou sur des registres particuliers.

Le prix régulateur est celui du mois de décembre qui suit l'époque de la récolte ; car lorsqu'un propriétaire ou marchand attend une année favorable pour vendre son vin, le haut prix qu'il obtient ne fait pas partie en entier du revenu de la vigne ; en effet, tout particulier possédant un capital et les bâtiments nécessaires, peut acheter du vin lorsqu'il est à bas prix pour le revendre plus tard, et obtenir le même profit que fait le propriétaire de vignes qui conserve son vin pendant plusieurs années dans le même but.

Avant de terminer cet article nous dirons un mot des vignes plantées en palissades dont les lignes parallèles sont espacées d'environ $0^m,65$; le plant est tenu à une hauteur de $1^m,30$

à 1^{m},40; la récolte est ordinairement deux fois plus abondante que si la vigne était cultivée suivant la méthode ordinaire, mais le raisin mûrit plus difficilement; le sol s'épuise et exige des engrais; les frais de culture et d'amendement sont trois fois plus considérables que les frais du même genre dans les vignes basses. Cependant la supériorité du produit des vignes élevées en palissades fait porter à un taux très élevé la valeur du sol qui est consacré à cette culture.

SECTION V.

Des chenevières.

Dans un grand nombre de localités on nomme chenevières des terrains où l'on sème du chanvre tous les ans, sans interruption ou avec des interruptions très rares. Cette espèce de culture paraît démentir toutes les lois de l'assolement; à la vérité, on fume tous les ans le sol et on le laboure plusieur fois; ces chenevières sont ordinairement des terrains frais et humides, qui sont ameublis à la longue par l'effet d'une culture uniforme et prolongée.

On peut ordinairement y cultiver des légumes comme dans un jardin, si l'on cesse d'y semer du chanvre.

La valeur vénale du sol est en général très élevée, elle atteint quelquefois 10,000 fr. par hectare.

La valeur locative sert de base pour l'estimation du capital; mais on ne pourrait pas calculer sur le taux de 3 p. 100, à moins qu'il ne s'agît d'une vente immédiate; car si la culture est négligée pendant quelques années, le sol perd bientôt une grande partie de sa valeur.

Ce genre de propriété ne se trouve guère dans les grandes fermes; les chenevières appartiennent ordinairement par petites portions aux habitants des villages qui en soignent eux-mêmes la culture, et qui y répandent des amendements et des engrais dans une proportion beaucoup plus forte que l'on n'en met dans les terres arables ordinaires.

Le sol recèle donc un travail accumulé qui

a sa valeur, et un capital qui tend à s'épuiser s'il n'est pas continuellement entretenu. La valeur est en partie foncière, et en partie industrielle.

Le propriétaire qui cultive lui-même le sol peut le payer beaucoup plus cher que ne le paierait un propriétaire absent; celui-ci ne manquerait pas de comparer le revenu d'une chenevière avec le revénu d'une terre de même nature soumise à la culture ordinaire, et de prendre en considération la possibilité que, par la négligence du fermier, le sol de la chenevière ne retombe à la longue dans l'état où se trouve le sol de cette terre arable.

SECTION VI.

Des jardins.

Jardins potagers. — Les frais d'établissement d'un jardin potager sont assez considérables. Ils comprennent :

1° La dépense du défoncement du sol ;

2º Celle de la fondation des allées ;

3º Celle de l'accumulation d'une grande quantité d'engrais;

4º La dépense de la clôture ;

5º Celle de quelques constructions et du creusement d'un puits.

La valeur vénale du terrain propre à cette espèce de culture est ordinairement considérable, parce que l'acheteur trouve un riche dépôt d'engrais accumulés; cependant cette valeur, pour un propriétaire, ne doit pas être de 33 fois la valeur locative, comme s'il s'agissait d'une ferme ordinaire, attendu que le défaut de soins de la part d'un locataire peut faire perdre à la propriété une grande partie de sa valeur, soit locative, soit vénale. Le fermier n'a pas le même intérêt que le propriétaire à maintenir le sol en bon état; il est à présumer au contraire qu'il l'épuisera dans les dernières années de son bail.

Lorsque le produit en nature d'un jardin potager appartient au propriétaire qui le fait cultiver à ses frais, le revenu net est peu considérable; l'expérience ne laisse là-dessus aucune espèce de doute ; cependant on doit évaluer ce revenu comme si le jardin était affermé à un jardinier.

Jardins d'agrément.—Les jardins d'agrément doivent être évalués comme s'ils étaient affermés, et que le sol fût cultivé de la manière la mieux appropriée à sa nature et à sa position.

Comme le premier bail qui s'appliquerait à l'exploitation d'une terre neuve serait plus productif que le second, et le second que le troisième, il faut avoir égard au décroissement ultérieur des produits.

On peut figurer ainsi les prix de ces baux :

Premier bail de 9 ans, par hectare et par an. . . . . 150 f.

Deuxième, *id.* 130

Troisième, *id.* 120

____

400

Le tiers de cette somme totale est de 133 fr. 33 c., ce qui exprime le revenu moyen ; mais comme il est avantageux de jouir dans les premières années d'un plus fort revenu, on peut porter le taux moyen à 140 fr. par an.

L'impôt ne décroîtra probablement pas, s'il

est de 20 fr.; il restera donc 120 fr. pour le revenu net, ce qui, à 3 p. 100, représente un capital de 4,000 fr.

Si l'on veut obtenir une plus grande exactitude, on calculera les intérêts des revenus décroissants au taux des revenus ordinaires.

Cette observation relative aux baux décroissants est applicable à toutes les espèces de biens qui se détériorent entre les mains des fermiers; et si l'on suppose que l'industrie du propriétaire interviendra pour améliorer les produits, il faudra tenir compte de la rétribution due à cette industrie, et de l'intérêt de la mise de fonds.

SECTION VII.

Des vergers.

Le revenu d'un verger consistant principalement dans le produit des arbres dont l'entretien et le repeuplement sont ordinairement négligés par les fermiers, on ne peut prendre pour base fixe de l'estimation le prix des baux ; .

c'est le revenu futur d'une longue période qu'il faut rechercher, autant que possible, pour établir les calculs.

Les récoltes des vergers sont très variables suivant l'exposition, le climat, la nature du sol, l'âge des arbres et la manière dont on les traite; quelquefois on fait de bonnes récoltes deux années sur trois, et souvent on n'en fait de passables que tous les quatre ans.

L'éducation des arbres fruitiers est quelquefois une industrie locale; on voit des territoires très étendus plantés de pommiers et de poiriers à des intervalles assez éloignés pour permettre la culture des céréales.

SECTION VIII.

Des plants de cerisiers.

De très mauvais terrains, plantés de cerisiers, dans les contrées où l'on fabrique de l'eau de cerises distillée, rendent un produit considérable.

Des terrains de même nature et de qualité égale, cultivés en céréales, et situés à quelques kilomètres de distance des lieux où cette industrie est établie, doivent être estimés beaucoup moins cher que les premiers, quoiqu'il paraisse très facile d'exercer dans cette dernière localité cette même industrie; mais il y a très loin de la possibilité à la réalisation.

Ainsi, deux terrains de nature identique doivent être estimés à des prix bien différents quand il n'existerait pas un seul arbre dans l'un ni dans l'autre. Il suffit que l'un soit placé dans le territoire où les plantations produisent depuis longtemps de grands bénéfices, pour qu'il ait une valeur beaucoup plus forte que l'autre. Une fabrication fixée depuis longtemps sur un point se déplace ou s'étend difficilement.

Les terres de la commune de Fougerolles, où il a été planté depuis environ un siècle et demi une immense quantité de cerisiers pour la fabrication du kirchen-wasser, valent deux fois plus qu'elles ne vaudraient sans cette industrie. Ce qui produit en partie cette hausse de prix, c'est la masse des capitaux que la fabrication a apportés dans la commune, capitaux qui sont employés, pour une bonne partie, en acquisitions de terrains et en plantations nouvelles.

SECTION IX.

Des plants de mûriers.

On a reconnu que dans des circonstances très favorables des plants de mûriers avaient donné un produit de près de 40 p. 100 par an du capital émis, en faisant entrer le fermage du terrain dans le compte des frais pour 200 fr. par hectare.

Voici les données qui doivent entrer dans l'estimation d'un plant de mûriers :

1º L'âge des mûriers, leur qualité, leur état de vigueur ou de souffrance ;

2º Le produit moyen et annuel de la plantation, en supposant qu'elle soit affermée ;

3º La durée probable des arbres ; car si la totalité ou une partie des mûriers ne sont pas encore en rapport ou arrivent à leur déclin, les pertes d'intérêts doivent être appréciées ;

4º La qualité du sol, qui doit être évalué relativement aux cultures dont il serait susceptible s'il cessait d'être planté en mûriers.

Prenons pour exemple une plantation qui commence à entrer en plein rapport, c'est-à-dire dont les arbres sont âgés de 10 à 12 ans.

Le prix d'acquisition du terrain a été de 1,500 fr. par hectare. . . . . 1,500 f.

Les frais de plantation sont de 500 fr. par hectare, y compris l'achat du plant 500

L'intérêt cumulé de la non-jouissance de la plantation pendant 10 ans, compensation faite de quelques légers produits, avec les frais de culture. . . 900

L'hectare planté coûte. 2,900

C'est à ce prix que revient un hectare de plants de mûriers lorsqu'ils sont âgés de 10 ans.

Comme il s'agit ici d'une valeur en partie agricole et en partie industrielle, valeur qui ne se maintient que par les soins du propriétaire, la rente doit s'élever au moins à 5 p. 100 par an, en calculant sur un prix de bail.

La valeur locative et la valeur vénale pourraient s'établir par comparaison s'il se faisait beaucoup de baux et de ventes de terrains plantés.

Une pièce de terre non plantée, mais propre à recevoir une plantation, devra être estimée en raison de cet avantage ; par exemple, si elle avoisine de belles plantations de mûriers et qu'il y ait égalité dans la qualité et l'exposition du sol.

La probabilité de la réussite d'une plantation de mûriers n'ajoute rien ou presque rien à la valeur du sol, à moins que ce ne soit dans un canton où l'éducation des vers à soie est naturalisée ou au moins essayée avec succès.

SECTION X.

Des plants d'oliviers.

Le revenu net d'un hectare de plants d'oliviers n'est guère en moyenne que de 100 fr. si l'on prend une longue période ; mais il serait bien difficile de déduire la valeur vénale de la propriété du produit net d'une année commune.

De vieux oliviers, situés dans un sol qui n'est pas exposé aux gelées, ont une grande valeur.

Un plant d'oliviers qui ne sont pas encore en plein rapport s'estime de la manière suivante :

1º On évalue le sol nu, abstraction faite de la plantation;

2º On évalue ensuite les frais de plantation et d'entretien, en y ajoutant les intérêts et en déduisant les revenus perçus chaque année.

La valeur des plants d'oliviers tend à diminuer en France à mesure que la culture de cet arbre prend de l'extension dans des climats plus favorisés, et que les communications extérieures et les transports deviennent plus faciles.

SECTION XI.

Des oseraies.

La plupart des oseraies sont situées dans des marais mis en valeur; on ne doit point estimer leur valeur vénale d'après le revenu de la plantation lorsqu'elle est en plein rapport, car ce revenu décroît lorsque la plantation décline, et s'éteint lorsqu'elle est tout-à-fait usée. C'est en grande partie un produit industriel.

Supposons un marais dont la valeur foncière est de 400 fr. par hectare, ce qui suppose que le revenu produit par les herbes est de 12 à 15 fr. par hectare. Le propriétaire dépense 600 fr. par hectare pour les travaux d'assainissement et de plantation ; l'hectare ainsi planté revient à 1,000 fr.

Supposons le revenu brut de 300 fr. par hectare lorsque l'oseraie est en rapport. . . 300 f.

Sur cette somme il faut prélever :

1° Frais de labour, binage, taille du plant, exploitation. . . . . . . 150 f.

2° Intérêts à 5 p. 100 du capital de 600 fr. 30

180

Différence. 120

Le prix de fermage sera de 120 fr. par hectare ; mais cette somme ne peut faire la base d'une supputation de la valeur vénale ; car lorsque l'oseraie est usée, des frais d'arrachement et souvent un nouveau travail d'assainissement sont nécessaires ; la culture qui suit cet arrachement peut ne donner que de faibles produits.

Un terrain propre à la culture de l'osier a une grande valeur vénale dans les territoires des communes dont les habitants s'occupent à tresser des paniers, corbeilles, etc., par exemple dans les environs de Vervins (Aisne), où cette industrie emploie des capitaux considérables et de nombreux ouvriers.

SECTION XII.

Des houblonnières.

Lorsque la culture du houblon est naturalisée dans une contrée, elle donne aux terres une valeur qu'elles n'avaient point auparavant.

Le fermage des terres où le houblon est cultivé est ordinairement élevé, parce que son exploitation exige une assez grande quantité de travail. La majeure partie du produit qu'on en retire est due au capital circulant. La baisse des

frais d'exploitation qui résulte du perfectionnement des procédés et d'une longue habitude du
travail, tend à élever le fermage des terres propres à une culture spéciale.

Il est facile de faire une application du prin-
cipe relatif à l'emploi d'un capital dans les cultures particulières qui exigent l'emploi d'un
grand nombre d'ouvriers. Par exemple, si un
hectare de terre à blé exige des travaux et des
déboursés qui s'élèvent à 300 fr., y compris le
fermage, un hectare cultivé en houblon exigera,
à qualité égale du sol, 1,200 fr. de dépense, tant
pour le travail que pour le fermage ; le bénéfice
du fermier ou entrepreneur sera de 100 fr. sur
la culture du blé, et de 400 fr. sur celle du houblon ; la portion qui reste pour le fermage du
propriétaire est à peu près proportionnelle, et
la valeur vénale augmente presque dans la même
proportion.

Cependant sous ce dernier point de vue, il est
essentiel de reconnaître le rapport qui existe
entre l'étendue des terres propres à cette culture
préférée, et l'étendue dont on a réellement besoin ; car s'il y a dans le même territoire dix fois
plus de terre qu'il n'en faut pour l'emploi re-

cherché, chaque propriétaire n'a qu'un dixième de chance que son terrain sera occupé par cette culture.

La valeur moyenne du sol d'une houblonnière est de 5,000 fr. l'hectare.

SECTION XIII.

Des terres où le tabac est cultivé.

Dans les départements où la culture du tabac est permise, cette faculté produit une hausse dans le prix du fermage des terres propres à la production de cette plante; et même si le monopole n'existait plus, si cette culture, objet d'un privilége, devenait entièrement libre, la consommation étant plus considérable, la valeur locative des terrains dans lesquels cette culture s'est perfectionnée ne subirait probablement qu'une faible diminution; car, à la longue, l'habitude prise d'employer les meilleurs procédés de culture est un avantage assez important que l'on ne peut obtenir ailleurs qu'après beaucoup d'essais dont la plupart sont infructueux.

Les terres employées à la culture du tabac acquièrent par ce privilége un supplément de valeur locative d'environ 50 fr. par hectare.

SECTION XIV.

Des terres où la garance est cultivée.

Un hectare de terrain propre à la culture de la garance produit quelquefois 12,000 fr. au bout de 4 ans; mais la quotité et la valeur de la récolte sont variables; le fermage des terrains qui sont éminemment propres à cette culture est considérable, et se proportionne toujours à la quantité de travail qui a été employée et accumulée dans le terrain.

Il ne suffit pas que le sol réunisse tous les éléments intrinsèques qui le rendent propre à la production de cette plante; il faut encore que les procédés d'une bonne culture soient répandus et pratiqués dans la localité, et à mesure que ces procédés sont perfectionnés et appliqués à moins de frais, à mesure que s'accroît le nombre des ouvriers qui ont de l'aptitude pour les travaux que cette culture exige, le fermage des terres s'élève dans la même proportion.

Un hectare de terre, cultivé en garance dans un pays où cette culture commence à s'introduire, ne vaut, par exemple, que 5,000 fr., tandis que 10 ans après, si la culture a prospéré et pris une grande extension, ce même hectare de terre vaudra 7 à 8,000 fr.

SECTION XV.

Des bois.

Nous ne parlerons ici avec quelques détails que de l'élévation du sol des bois, et particulièrement des bois plantés ; car la superficie doit être évaluée d'après les principes de l'art du forestier.

On estime la futaie et les taillis exploitables à leur valeur actuelle, qui est le prix que l'on pourrait en tirer en les mettant en vente. Quant aux taillis non exploitables, on a égard aux pertes d'intérêts.

Supposons une forêt qui rapporte 10,000 fr. de revenu net, déduction faite des frais de garde et des impôts; sa valeur estimative en capital est de 300,000 fr.; le taux du revenu excédera un peu 3 p. 100. Le taillis et la futaie sont estimés 200,000 fr.; il reste par conséquent 100,000 fr. pour la valeur du sol garni de souches ou de semis.

Si la forêt ne rend pas un revenu annuel, il est facile de supposer qu'elle est mise en coupes réglées sur la période de 20 ans, de 25 ans, ou de toute autre durée, et de calculer la valeur du sol.

Mais si le sol est dénudé, comme lorsqu'on arrache un bois de pins pour le mettre en culture et le ressemer ensuite, quelle est sa valeur?

En général, le prix régulateur du sol foncier est celui des terres labourables : ainsi on peut supposer que le sol déboisé soit mis en culture, et qu'il soit évalué d'après la moyenne du prix des terres de même qualité dans le voisinage.

Si le propriétaire plante ce terrain, on doit supposer qu'il est reconnu que la culture forestière serait plus avantageuse que la culture arable.

Supposons que la culture des céréales, combinée avec celle des prairies artificielles, dût rendre un revenu net de 20 fr. par hectare, tous frais déduits : le sol vaut par conséquent, à 5 p. 100, 666 fr. par hectare. Le revenu accumulé pendant 20 ans, au même taux, s'élève à 557 fr.

Si l'on plante le sol, il faut que la coupe, au bout de 20 ans, puisse se vendre au moins 557 fr. pour obtenir un avantage sur la culture arable, et qu'en outre les frais d'ensemencement ou plantation aient été remboursés par le nettoiement, les élagages, le pâturage et autres produits semblables.

Cependant, à égalité de produits, le sol soumis à la culture forestière devra être évalué plus cher que le sol arable ; car les arbres tendent à amender le sol et à accroître sa fertilité.

Des calculs analogues apprendront quelle est la véritable valeur du sol dans lequel on fait des plantations.

Soit un terrain qui rendrait en pâturage un revenu net de 56 fr. par hectare, le sol vaut 1,200 fr. l'hectare à 3 p. 100.

La somme de 38 années de revenu net cumulées à ce taux, s'élève à 1,712 fr. par hectare.

Le produit d'une plantation de pins s'élèvera à l'âge de trente ans, par hectare, à.   **2,000 f.**

Le pâturage et les élagages rendront annuellement 5 fr. par hectare, ce qui fera, au bout de 30 ans. **238**

Les frais de plantations sont de 100 fr. par hectare, ce qui fait avec intérêts cumulés pendant 30 ans, à 3 p. 100. 242

Les frais de garde et les impôts, calculés de la même manière s'élèvent pour trente ans, à . . . 180   422

Total. **1,816**

La plantation rendra donc un peu plus que la culture arable; si le succès en est assuré, l'estimation du sol peut recevoir une légère augmentation.

Un sol en friche, ou couvert de bruyères, a la même valeur que le sol forestier de même qualité, moins les frais de plantation et la perte résultant de la non-jouissance. Quand on voudra faire l'estimation des terrains de cette nature, on en obtiendra la valeur par des calculs semblables à ceux que nous venons de présenter.

Remarquons que, lorsque l'estimateur recherche les meilleurs moyens de tirer parti d'un terrain, il ne doit pas s'arrêter à des calculs de profits et de pertes sur des entreprises à faire ou à peine commencées : il doit s'appuyer sur l'épreuve des produits nets que l'on a obtenus en réalité dans les terrains de même nature, toutes choses égales d'ailleurs.

Estimera-t-on la valeur d'un sol forestier, propre à être avantageusement défriché, d'après la valeur qu'il aurait si l'on pouvait le cultiver immédiatement?

Les circonstances décideront la question. Il est certain que si la marche ascendante de la valeur des biens-fonds continue, et que le produit des bois en matière décroisse encore, les meilleurs sols plantés en bois pourront être évalués aussi cher que s'ils étaient défrichés, et que leur valeur pourra se régler d'après celle des terres labourables du voisinage.

La valeur du sol comprend ordinairement celle des souches qui le garnissent, en sorte que si le terrain était dépouillé de semences et de rejetons, il faudrait faire entrer en compensation les frais de repeuplement.

Quant aux terrains couverts de broussailles, ajoncs, genêts, on peut les évaluer : 1° d'après le produit annuel des fagots et bourrées que l'on en tire ; 2° d'après le produit du pâturage.

Si des broussailles peuvent devenir des bois par un simple recépage, elles ont une valeur indépendante de celle que donne le revenu, et qui ne doit point être négligée dans une estimation foncière.

Ajoutons une observation applicable à toutes les cultures qui donnent de grands bénéfices. Par exemple, un bois de châtaigniers rend, dans les environs de Paris, 200 fr. de produit net par hectare ; un plan de mûriers, situé dans la vallée du Rhône, produit bien davantage ; mais plus le profit est considérable, plus la culture doit s'étendre, et bientôt les bénéfices décroissent jusqu'à ce qu'ils soient réduits au taux ordinaire. Ainsi, dans toutes les évaluations de terrain où des cultures nouvelles donnent de grands profits, on aura soin de ramener à un taux moyen les estimations qui seraient fondées sur une valeur actuelle, exposée à décroître ; mais il faut faire entrer en compensation les avantages que peut procurer cette culture pendant un certain nombre d'années, jusqu'à l'époque où elle ne donnera plus que des produits ordinaires.

Autre remarque essentielle. Le sol d'un bois mal aménagé devra-t-il être évalué moins cher qu'un sol de même qualité qui est couvert d'un bois dont on tire tout le produit possible? La règle à suivre dans cette circonstance est d'avoir égard à la facilité plus ou moins grande d'améliorer le bois qui est mal aménagé, et à la probabilité que cette amélioration sera exécutée.

L'estimateur d'une forêt ne perdra pas de vue :

1º Que la valeur des fonds de bois tend à s'accroître à l'avenir par l'effet des perfectionnements de la culture forestière ;

2º Que le mode actuel d'aménagement est presque partout susceptible de perfectionnements faciles ;

3º Que si les forêts de haute-futaie ne rapportent ordinairement que 2 p. 100 par an, la valeur du capital tend sans cesse à s'élever par l'augmentation toujours croissante du prix des bois de construction jusqu'à une époque éloignée qu'il est impossible de déterminer;

4º Que le taux du revenu des bois tend sans

cesse à se rapprocher du taux du revenu de toutes les autres espèces de propriétés ;

5° Qu'il est juste d'évaluer séparément le sol, le taillis et la futaie, en ayant égard aux pertes d'intérêts jusqu'aux époques des exploitations ;

6° Que la valeur du sol doit être appréciée par comparaison avec les terres environnantes, si le terrain est de même nature, mais qu'il est juste d'avoir égard aux pertes d'intérêts qu'éprouvera le propriétaire du sol boisé, jusqu'à l'époque où ce sol rendra le même revenu que les terres de qualité semblable ;

7° Il faut remarquer que le sol forestier n'aura atteint la valeur dont il est susceptible qu'à l'époque où cette valeur sera égale à la fois : 1° à celle des terrains de même nature placés dans la même localité et soumis à la culture ordinaire ; 2° à la somme qu'il en coûterait pour planter le sol dans un état semblable à celui où il se trouve après l'exploitation de la superficie : mais il faut remarquer aussi que cette époque est très éloignée ;

8° Que pour fixer le prix du stère de toute espèce de bois, on prend une moyenne sur le taux des douze ou quinze années précédentes.

SECTION XVI.

Des haies et des plantations d'arbres.

Les arbres plantés dans les domaines ruraux se divisent en deux classes : les arbres forestiers, tels que les ormes, les frênes, etc., qui donnent un produit annuel ou périodique par la tonte de leurs branches, ou par l'enlèvement de leurs feuilles, lorsqu'elles servent à la nourriture du bétail ; et les arbres fruitiers.

Si les arbres forestiers sont assez gros pour être employés au charronnage ou à d'autres ouvrages semblables, on les évalue au prix qu'ils pourraient être vendus. Si ce sont de jeunes arbres, on les estime d'après leur produit futur, eu égard aux intérêts.

Si ce sont des arbres fruitiers, on les évalue d'après leur produit annuel, en déduisant le loyer du terrain qu'ils occupent ou qu'ils rendent moins fertile, et en déduisant encore une somme annuelle pour les frais d'entretien et de repeuplement.

Des pommiers à cidre, dans une contrée où on les cultive en grand nombre, rapportent ordinairement 5 fr. par an chacun, terme moyen; mais on ne pourrait pas les estimer à raison de 60 fr. par arbre, quoiqu'ils doivent durer beaucoup plus de douze ans; car la valeur du bois est ordinairement peu considérable, et ces arbres perdent un certain espace de terrain. Il faut donc évaluer : 1° le produit net et annuel des cultures de la ferme; 2° le produit annuel des plantations. Ensuite on estime la culture comme s'il n'y avait point d'arbres : la différence des deux sommes donne le revenu réel de la plantation ; il ne s'agit plus que de déduire les frais de repeuplement et d'entretien.

Supposons que la ferme puisse être louée 3,000 fr., y compris la récolte des arbres, et que, dans le cas où ces arbres seraient détruits, elle ne pût être affermée que 2,500 fr. Le revenu des plantations est par conséquent de 500 fr. ; il faut déduire un cinquième pour les frais de culture et pour le remplacement des arbres dépérissants; il restera 400 fr. pour le revenu net de la plantation. Mais comme il est difficile d'obliger les fermiers à exécuter convenablement l'entretien et le repeuplement, ces plantations ne doivent être évaluées qu'à raison de quinze fois le revenu, ce qui, dans la supposition où nous nous plaçons, ferait la somme de 6,000 fr. en capital.

En général, les plantations qui doivent être soignées et remplacées par les fermiers s'estiment à un taux assez faible, parce que le remplacement de ces arbres ne réussit presque jamais entre leurs mains. Le propriétaire peut seul prendre toutes les précautions qu'exigent la préparation du terrain, le choix des plants, leur conservation et leur entretien.

Les plantations d'arbres forestiers forment une partie importante de la valeur des domaines dans les pays où les champs et les prés sont entourés de clôtures.

Les haies basses des enclos ne produisent ordinairement que des branches qui ne valent que les frais d'élagage ; ces haies augmentent la valeur du sol qu'elles renferment. Pour apprécier cette augmentation, on s'informera combien se louerait le terrain avec sa clôture, combien se louerait-il sans sa clôture ? La différence exprimera l'importance de la valeur de la haie.

Si la haie est réellement utile, cette valeur doit être égale à celle des frais de plantation et d'entretien, et au montant des intérêts de ces frais jusqu'à l'époque où elle remplit sa destination ; mais si cette dernière somme est bien supérieure à la première, la plantation de la haie n'a pas été profitable.

On n'omet pas dans les calculs la perte du produit de l'espace occupé par la haie et par ses racines.

Quant aux arbres qui sont placés dans les haies ou dans toute autre position, on les divise en deux classes : 1° ceux que l'on pourrait vendre ou employer immédiatement à des réparations ou constructions ; 2° les arbres d'espérance.

Pour estimer les premiers, on a égard à leur utilité pour les réparations des bâtiments de la ferme ; car ces arbres valent tout ce qu'il en coûterait pour les acheter dans la forêt la plus voisine et pour les transporter ; mais il faut encore peser cette considération : les bâtiments doivent-ils être entretenus ? car s'ils n'ajoutent point de valeur au domaine, si on peut l'affermer aussi bien sans bâtiments qu'avec des bâtiments, alors les constructions n'ont aucune valeur sous ce rapport, et les bois que l'on y emploierait seraient en pure perte. Ces arbres doivent alors être estimés d'après les prix courants.

Pour évaluer les jeunes arbres, on procède de deux manières différentes, et on contrôle la première estimation par la seconde.

1° Supposons une plantation de peupliers, ormes, frênes, etc., au nombre de 2,000 pieds d'arbres, faite il y a 10 ans.

La dépense primitive s'est élevée à la somme de 1,000 fr. Cette somme, avec les intérêts composés à 4 p. 100, s'élève au total à.   1,480 f.

Les frais d'entretien sont de 100 fr. par an et s'élèvent avec les intérêts à   1,200

La perte sur la rente du sol occupé par les arbres est de 50 fr. par an, ce qui fait avec les intérêts au bout de 10 ans.   600

La plantation coûte à l'âge de 10 ans. . . . .   3,280 f.

2° La valeur des 2,000 arbres, lorsqu'ils seront âgés de 40 ans, s'élèvera à la somme totale de 40,000 fr.; mais comme il est probable qu'un certain nombre d'arbres seront morts, soit par l'effet des accidents, soit par des maladies, il convient de réduire cette valeur à la somme de 56,000 fr.

Il y a 30 années d'attente ; or l'équivalent actuel d'une somme de 56,000 fr. que l'on ne doit recevoir que dans 30 ans est de. . .   11,459 f.

Les frais d'entretien sont peu considérables lorsque la plantation a plus de 10 ans, et même ils sont bientôt compensés par le produit des élagages ; mais le dommage que la plantation occasionne augmente avec la croissance des arbres ; on peut l'évaluer à raison de 100 f. par an, ce qui fait, avec les intérêts cumulés pendant 30 ans, la somme de   5,608

Valeur nette de la plantation à l'âge de 10 ans. . . . .   5,851 f.

Cette somme est supérieure à celle qui a été donnée par le premier calcul, ce qui annonce que l'entreprise de la plantation était avantageuse.

La valeur des plantations est ordinairement

mal appréciée, ce qui provient de la négligence que l'on apporte ordinairement à faire entrer dans l'estimation tous les éléments de cette valeur et toutes les causes de perte ou de dommages.

SECTION XVII.

Des pépinières.

Les pépinières tendent à accroître la valeur du sol où elles existent, dans ce sens que le pépiniériste qui choisit les terres qui lui conviennent paie au propriétaire un fermage plus élevé que celui des terres de même qualité soumises à la culture ordinaire.

Le sol des pépinières, n'étant pas fumé, tend à se détériorer; cependant, à d'autres égards, cette culture n'est pas nuisible; car si la couche de terre végétale n'est pas profonde, le pépiniériste défonce le sous-sol et l'ameublit par des labours réitérés et par le mélange des terres.

Il est certain qu'un terrain susceptible de recevoir une pépinière peut se vendre plus cher que celui qui n'offre pas cet avantage. L'excédant de valeur est même quelquefois considérable dans le voisinage d'une ville et d'une grande route ; la réputation des pépinières, leur ancienneté et l'étendue de leur débit, sont des causes qui élèvent cette valeur.

Quand une industrie agricole est naturalisée dans une contrée, les terrains qu'elle exige pour une culture spéciale se vendent ordinairement à un prix très élevé.

SECTION XVIII.

Des friches, landes et bruyères.

Dans les plaines élevées et dans les pays montueux, on trouve de vastes espaces où le sol est peu profond et très sec ; on le laisse en friche pour en faire un pâturage : c'est dans les terrains de cette espèce que les troupeaux de moutons à laine fine se portent le mieux. Ces friches sont assez précieuses sous ce rapport et paraissent devoir l'être longtemps; car les agriculteurs pensent que les bêtes à laine ne peuvent pas être continuellement nourries à la bergerie, sans aller paître dans les champs.

Le revenu de ces friches ne peut guère s'évaluer que par le fermage qu'elles rendent et par comparaison avec d'autres terrains de même nature dont le revenu soit bien connu ou dont la valeur vénale soit constatée par un assez grand nombre de ventes.

Quelquefois, mais à de longs intervalles, on cultive ces friches, après les avoir écobuées, et on y sème du seigle, de l'avoine ou du sainfoin. Ensuite le sol reste inculte et retourne à son état de friche.

On pourrait calculer ce qu'il en coûte pour labourer, écobuer, fumer, ensemencer le sol, sans oublier les frais de récolte; mais quelle foi pourrait-on ajouter à des supputations qui ne seraient pas fondées sur l'expérience? On ne doit prendre pour base que des calculs fondés sur des frais faits et des récoltes perçues.

En général, pour apprécier la valeur des terres, on devra se rappeler que le prix du sol cultivé est réglé par celui des terres à blé du voisinage.

Les terres que l'on désigne sous le **nom de landes ou bruyères** ne doivent ordinairement leur état de stérilité qu'au défaut de culture. On trouve dans les **contrées du centre et de l'ouest** de la France de vastes espaces qui restent couverts de genêts pendant une période de **huit à** dix ans, et qui sont ensuite ensemencés de **seigle** pendant deux ou trois ans ; une partie de **ces** terres seraient aussi fertiles que celles du nord de la France si elles étaient aussi bien cultivées. Pour les estimer, on les fait entrer dans l'assolement général de la ferme dont elles dépendent.

Si l'on estime les landes uniquement d'après le revenu qu'elles rendent en pâturage, l'évaluation sera bien faible ; mais si l'on prend une autre marche, que l'on calcule combien elles pourraient rapporter, et que l'on fixe l'estimation d'après cette possibilité, on risquera de se jeter dans un autre excès, à moins que le défrichement ne soit sur le point de se réaliser.

Il restera encore dans cent ans des landes et bruyères qu'il serait possible de cultiver dès aujourd'hui et qui vaudraient 2,500 fr. par hectare si elles étaient mises en culture, mais qui ne valent réellement que 50 fr. par hectare, valeur actuelle, en calculant l'intérêt cumulé au taux de 4 p. 100. Toutefois c'est une valeur additionnelle à celle qui est calculée d'après l'état et le revenu actuel du terrain.

Ainsi l'époque probable du défrichement doit servir de base aux calculs; mais il ne faut pas oublier que les progrès sont lents et incertains, et que les choses resteront probablement très longtemps dans l'état où elles se trouvent depuis une époque déjà éloignée.

La plupart des terrains qui portent la dénomination de *landes* produisent des genêts et des bruyères dont la croissance est très rapide, ce qui annonce qu'ils nourriraient facilement des plantes plus utiles; mais la population et les capitaux manquent dans les contrées qui sont couvertes de ces landes.

SECTION XIX.

Des étangs.

On peut diviser les étangs en trois classes sous le rapport agricole :

1º Les étangs dans lesquels l'eau est tenue continuellement, sauf de très courts intervalles pour les pêches et les réparations. Ces étangs servent ordinairement à faire mouvoir des usines, ou bien leur sol est trop peu productif pour être mis en culture ou en prairie ;

2º Les étangs qui sont alternativement tenus en eau et mis en culture arable ;

3º Ceux qui sont convertis en prairies après de longs intervalles.

Dans les pays où subsiste le système des domaines isolés, on trouve beaucoup d'étangs qui sont exploités par des métayers ou de petits fermiers. Il en existe peu dans le nord de la France, où le système des cultures divisées et des corvées avait été établi.

Les étangs, outre l'avantage de retenir les eaux, en présentent un autre sous le rapport

agricole ; placés dans les parties basses des plateaux, ils y retiennent les engrais et les dépôts
des terrains supérieurs qu'ils empêchent de se
précipiter dans les vallées, et, sous ce rapport,
ils augmentent la fertilité du sol.

Ainsi, un terrain placé avantageusement pour
faire un étang doit être évalué un peu plus cher
qu'il ne le serait sans cette possibilité.

Les étangs ont perdu de leur valeur relative
par deux raisons : 1^0 la consommation du poisson est moins considérable qu'elle ne l'était autrefois ; 2^0 l'accroissement de la population a
rendu les terres à blé plus précieuses sous le double rapport des produits agricoles et du besoin
de travail pour une population nombreuse.

Pour estimer les étangs de la première classe,
dont nous avons parlé plus haut, il faut d'abord
les considérer relativement aux usines qu'ils font
mouvoir ; il faut reconnaître si l'existence de ces
usines tient à celle de l'étang, et réciproquement ;
on résoudra d'abord les questions suivantes :

1^0 Combien rapporterait l'étang s'il était em-
poissonné ?

2^0 Le sol serait-il propre à faire un pré ou
une pâture de quelque valeur ?

3^0 Si l'usine doit subsister, outre la première

de ces valeurs, il y a celle du service que rend l'eau qui doit la faire rouler.

Lorsque l'usine et l'étang sont indivisibles, il importe assez peu que l'estimation de l'une soit plus forte et celle de l'autre plus faible.

Par exemple, on peut faire les calculs suivants :

L'usine et l'étang réunis rapportent un fermage de 3,000 fr. Il faut déduire 300 fr. pour l'impôt ; reste 2,700 fr. de revenu. Il faut encore retrancher un cinquième pour les réparations de la chaussée, des déversoirs, vannages et canaux d'épuisement ; il reste 2,160 fr. de revenu net. Cette somme capitalisée à raison de 5 p. 100 produit celle de. . . . . 43,300 f.

Cherchons actuellement le revenu que produirait l'étang s'il était mis en prairie ou en pâturage.

Supposons qu'il pût rendre un revenu de 600 fr., déduisant 80 fr. pour l'impôt foncier, il reste un revenu net de 520 fr. que l'on peut capitaliser au taux de 3 et demi p. 100, en multipliant cette somme par 28,57143, on aura la somme de. 14,857

Il reste pour la valeur de l'usine. . 28,343

Il faut ensuite supposer que l'on emploie un autre moteur que l'eau de l'étang, et comparer le produit net dans les deux cas. On jugera par là de la véritable valeur que l'étang prête à l'usine, et réciproquement.

Le revenu des étangs qui sont continuellement empoissonnés s'évalue facilement; on calcule l'achat du poisson, la main-d'œuvre et les frais de transport, les frais de pêche, de livraison, la non-jouissance pendant deux ou trois ans, et les intérêts.

On déduit un quart pour les réparations et les chances de non-réussite.

La plupart des étangs sont soumis à un assolement régulier; on les tient en eau pendant trois ans, et on les cultive en blé ou en avoine, en maïs, etc., pendant deux ans.

Supposons un étang qui se louerait à raison de 40 fr. par hectare s'il était soumis à la culture ordinaire des terres labourables, et pour lequel on a adopté un assolement tel que, sur une durée de 9 ans, il demeure couvert d'eau pendant 6 ans, et que pendant les 3 autres années le sol soit cultivé.

On suppose que l'hectare se louerait à raison

de 80 fr. pendant chacune de ces trois années. La pêche rapporterait pour trois années 108 fr. par hectare, ce qui ferait 36 fr. par an, toute déduction faite des frais d'empoissonnement, de garde, de pêche, eu égard aussi aux accidents et à la perte d'intérêts résultant de ce que l'on ne fait pas une récolte annuelle.

La moyenne des produits sera supportée ainsi qu'il suit :

3 années de culture à 80 fr. par hect. . . 240 f.

6 années en eau, à 36 fr. 216
____

Total pendant 9 ans. 456

Ce qui fait par an 50 fr. 66 c., tandis que si l'on adoptait la culture ordinaire et que le sol ne fût pas engraissé par le dépôt des eaux, il ne rapporterait probablement que 40 fr. de produit net par hectare.

Nous parlons d'un étang situé dans un terrain de médiocre qualité; mais si sa position est telle que les eaux qui y affluent entraînent les égouts des villages voisins et des terres bien engraissées, le produit est plus considérable. Il s'élève quelquefois, par an, à 180 fr. par hectare pour chacune des trois années de culture, et à 48 fr. par

hectare pour chacune des 6 années d'empoissonnement.

Il existe dans la Bresse et dans la Sologne
beaucoup d'étangs qui demeurent en eau pendant deux ans et qui sont ensemencés en blé,
maïs, haricots, etc., dans le printemps de la
troisième année.

Voici comment on évalue le revenu :

2 années d'empoissonnement à 40 fr. par
an, par hectare, ou pour 2 ans. . . . . . 80 f.

Une année de culture, fermage. . . . 120

Le revenu net, pour 3 ans, est de. . . 200

Le revenu annuel monte à 66 fr. 66 c. par
hectare, dont il faut déduire un quart pour les
réparations et l'entretien de la chaussée et des
vannages, et pour les accidents.

Cette estimation doit être adaptée aux circonstances ; car si le fermier n'est pas détourné
de ses travaux de culture par les soins qu'il donne
aux étangs, une partie de son profit doit entrer
dans la rente du propriétaire.

Les étangs dans lesquels la culture s'alterne
seraient bien plus productifs s'il était possible
de les convertir en prairies arrosées. Ainsi, il

faut distinguer les étangs alimentés par des cours d'eau pérennes et les étangs qui ne sont formés que par les eaux pluviales accumulées. Les premiers doivent s'évaluer proportionnellement plus cher que les seconds.

Ainsi pour connaître la valeur vénale d'un étang de première classe, nous multiplierons par le facteur 33 la somme qui exprime le revenu net, déduction faite des impôts et des charges. Si nous supposons que le revenu net soit de 1,000 fr., la valeur en capital sera de 33,000 fr.

Dans cette première classe doivent être rangés les étangs qui ont reçu, pendant une suite de siècles, les engrais et le limon d'un vaste territoire cultivé. Cependant lorsqu'on les met en culture continuellement et sans interruption, leur fertilité suit une progression décroissante.

Le prix annuel d'un premier bail sera, par exemple, de 150 fr. par hectare.

Celui d'un second bail sera de 145 fr.

Celui d'un troisième bail sera de 130 fr.

Celui d'un quatrième sera de 110 fr.

On ne ferait pas une estimation exacte si l'on prenait un terme moyen entre ces différents prix pour asseoir le revenu ; car un acquéreur s'oc-

.cuperait beaucoup plus du produit des 20 premières années que de celles qui suivront.

On estime qu'en moyenne le produit annuel
en poisson, déduction faite des frais d'empoissonnement, de pêche, etc., est de 28 fr. par hectare ; la culture intermédiaire donne en moyenne
le double de ce produit.

Mais les étangs les plus productifs de tous sont
ceux qui servent à faire mouvoir des usines importantes.

Il y a ordinairement plus de profit à mettre
en étang un terrain peu fertile qu'à le conserver en état de culture, si la disposition des lieux
est favorable.

Nous ajouterons encore une observation, c'est
que dans les pays de moyenne fertilité le sol
d'un étang ne se vend pas, à qualité égale, aussi
cher que celui d'une terre labourable ; cela provient de ce que les possesseurs de petits capitaux
préfèrent aux étangs des terres sur lesquelles
ils peuvent en tout temps exercer leur industrie
et leur travail.

On trouve assez fréquemment des étangs qui
sont possédés en commun par le propriétaire

principal et par des usagers. Nous en prendrons un pour exemple :

Le propriétaire tient l'étang pendant trois ans en eau ; mais pendant la quatrième année, les usagers le cultivent en blé, à la charge de livrer au propriétaire le cinquième des récoltes.

On évalue d'abord le revenu total de la propriété pour le diviser en deux parties dont l'une forme le revenu du propriétaire, et l'autre exprime la portion des usagers.

Supposons que le revenu des trois années de la jouissance du propriétaire, lorsque l'étang est couvert d'eau, soit de 900 fr. par an, on aura pour trois ans. . . . . 2,700 fr.

Le revenu net de la quatrième année est évalué au tiers de la récolte qui vaut en totalité 4,500 fr., en sorte que ce revenu est de 1,500 fr.; mais le propriétaire ne devant prélever qu'un cinquième de la récolte totale, son revenu réel est de. 900

Le surplus du revenu net revient aux usagers pour représenter la valeur

A reporter. . .3,600

Report. . . 5,600 f.

nette de leurs droits ; car s'ils livraient
le tiers de la récolte au lieu de livrer le
cinquième au propriétaire, ils n'auraient pas plus d'avantages que de simples fermiers. Cette portion du revenu
net à laquelle ils ont droit, est de
600 fr. ci. 600
____

Le revenu net des 4 années est de 4,200
ce qui fait par an 1,050 fr.

La portion afférente aux usagers dans ce revenu net est de 6/42 ou 1/7; celle du propriétaire est de 6/7.

Mais cette estimation, si elle faisait la base
d'un partage entre le propriétaire et les usagers manquerait, dans certains cas, de justesse,
à moins que l'on n'y fît entrer un autre élément.

En effet, la base du partage serait exacte si
les usagers louaient à des fermiers l'exercice
de leurs droits ; mais si ces usagers cultivent
eux-mêmes le sol et trouvent dans ce travail un
emploi de leur temps qu'ils ne trouveraient pas
ailleurs, s'ils se livrent à cette culture dans l'in-

tervalle de leurs travaux ordinaires, ils comp-
tent pour peu de chose leur main-d'œuvre;
c'est un travail fait à bon marché dont le profit
doit leur revenir, et dans ce cas leur portion
dans le revenu net doit être un peu plus forte
que nous ne l'avons calculée.

La propriété d'un fonds grevé d'usage s'estime moins cher relativement à son revenu net
que si elle en était franche, parce que les améliorations sont difficiles dans un fonds possédé
par indivis ou grevé de droits d'usage.

La valeur foncière d'un droit d'usage dans
un étang ne peut guère s'évaluer au-delà de 16
à 18 fois le produit net moyen.

Il est rare que les eaux couvrent la superficie
entière d'un étang; il reste ordinairement quelques portions du sol qui sont situées au-dessus
du niveau ordinaire des eaux. On les évalue séparément d'après leur produit en pré, pâturage, terre labourable, oseraie, etc.

Le nombre des étangs diminue en raison des
progrès de l'agriculture et de l'accroissement
de la population. Cependant il sera toujours
avantageux de laisser séjourner sur le sol les
eaux qui sont chargées des engrais qu'elles ont

entrainés à leur passage dans les terres supérieures. Un seul étang peut recevoir les eaux d'un espace de plusieurs centaines d'hectares de terres bien cultivées et bien fumées, et il est facile d'apprécier l'influence du séjour de ces eaux sur le terrain où elles sont retenues par une chaussée.

SECTION XX.

Des marais.

Sous la dénomination de marais, on comprend des terrains presque improductifs dans lesquels il ne croît que des joncs ou des plantes tout-à-fait impropres à la nourriture du bétail, par conséquent ne produisant d'autre fermage que celui que peuvent donner la location de la chasse et la récolte des plantes aquatiques, si toutefois on les recueille.

D'autres marais produisent des herbes dont une partie entre dans la nourriture des bœufs et des vaches, et une autre partie sert à faire de la litière et du fumier.

On évalue le fermage des marais, soit d'après un usage ancien, soit par comparaison avec d'autres fonds de même nature situés dans le voisinage.

Mais si ces marais sont susceptibles d'assainissement, il faut rechercher 1º quelle sera leur valeur locative après l'opération si le desséchement est possible; 2º quels seraient les frais; 3º à quelles chances de non-réussite on est exposé; 4º la somme des intérêts des capitaux jusqu'à l'époque où le marais aura une valeur locative bien établie, et par conséquent une valeur vénale proportionnelle.

Supposons un marais dont l'étendue superficielle est de 50 hectares et qui est affermé depuis un certain nombre d'années moyennant la somme de 500 fr., impôts déduits, ce qui revient à 10 fr. par hectare; la valeur vénale calculée au taux de 3 p. 100 du revenu net, s'élève à la somme de 16,667 fr.

On reconnaît par des observations sûres que d'autres terrains du voisinage, qui étaient autrefois de même nature et valeur, ont été desséchés et produisent actuellement un revenu net de 90 fr. par hectare.

Si ce marais qui contient 50 hectares était assaini de la même manière que ces derniers terrains, il rapporterait 4,500 fr. de revenu net, et sa valeur en capital serait de 150,000fr.

Mais les travaux sont évalués 55,000 fr., somme qu'il faut déduire des 150,000 ; il reste par conséquent 95,000 fr.

Mais si les travaux ne peuvent être complétement exécutés que dans l'espace de quatre années, il y aura une perte de quatre années sur la jouissance, perte qui s'élèvera au total à 18,000 fr., si l'on fait entrer dans le calcul les intérêts de cette somme et ceux des sommes dépensées pour les réparations; si d'un autre côté on met en compte le revenu que l'on pourra retirer du marais dans le cours de ces quatre années, la déduction totale devra s'élever à une somme de 25,000 fr. environ, en sorte que la valeur actuelle du marais de 50 hectares se réduit à 70,000 fr.

Il y a, comme on le voit, une grande différence entre cette dernière somme et la somme de 16,667 fr. qui exprime la valeur de ce marais, en supposant qu'il demeure perpétuellement dans le même état.

L'évaluation ne présenterait aucune difficulté si l'on avait la certitude que les travaux d'amélioration ne coûteront que 50,000 fr. et qu'ils seront suivis d'un succès complet ; mais si au contraire le succès ne devait être qu'imparfait ou partiel , la valeur présumée de 70,000 fr. devrait être réduite.

On ne perdra pas de vue que le desséchement des marais entraîne fréquemment des difficultes et des procès avec les propriétaires riverains, et que l'on est souvent obligé de faire des acquisitions de terrains à des prix très élevés ; enfin il faut s'assurer si les eaux s'écouleront facilement dans les terrains inférieurs.

SECTION XXI.

Des alluvions.

Les alluvions s'estimeraient comme les **terres** environnantes d'après les fermages dont **elles** sont susceptibles, si elles étaient absolument consolidées et à l'abri de toute nouvelle invasion des eaux. Mais il faut presque toujours examiner 1° si cette alluvion est irrévocablement acquise, de manière qu'aucun ouvrage ne soit nécessaire pour la maintenir, ou si, au contraire, des travaux faciles ou dispendieux sont nécessaires soit actuellement, soit à une époque plus ou moins éloignée. Dans ces différentes hypothèses l'estimation peut s'élever d'une très faible valeur à un taux égal à celui sur lequel se mesure la valeur des terrains ordinaires.

2° Si cette alluvion est infertile, est-elle susceptible d'amélioration? Il est certain que si elle se couvre insensiblement d'herbe et de limon, elle doit être évaluée beaucoup plus cher que si le moyen d'amélioration n'existait pas.

En procédant à l'estimation des terrains qui bordent les grandes rivières, on ne doit point oublier la probabilité, quelquefois très faible à la vérité, qu'ils seront rongés au moins sur leurs bords par l'effort du courant dans une période plus ou moins longue. Dans certaines vallées cette probabilité est très forte.

En moyenne, les alluvions qui ne sont pas entièrement consolidées ne s'évaluent à qualité égale du sol qu'à moitié de la valeur des terrains fermes.

Cependant lorsque le même propriétaire possède les deux rives de la rivière, sa position est beaucoup moins défavorable que si sa propriété n'occupait que l'une des rives, et la raison en est évidente.

SECTION XXII.

Des chemins et avenues.

En procédant à l'estimation d'un domaine doit-on évaluer séparément le terrain occupé par les chemins qui le traversent?

Il faut d'abord distraire le sol des grandes routes qui appartiennent à l'État et le sol des chemins vicinaux qui appartiennent aux communes ; les autres voies de communication sont des propriétés particulières.

Si dans l'évaluation de la pièce de terre qui est bordée ou traversée par un chemin, on comprend tout l'avantage qu'elle retire de ce chemin, il est certain que l'on ne doit plus évaluer séparément le sol du chemin ; car ce serait faire un double emploi.

Mais si, outre cette destination, le chemin a une autre utilité, il est convenable d'en estimer la valeur additionnelle sous ce dernier point de vue.

Une avenue sert quelquefois de passage pour l'exploitation d'un domaine, d'un bois, etc. On doit alors estimer le sol occupé pour ce passage, en ayant égard à son utilité, à moins que cette valeur ne soit déjà confondue dans l'estimation des objets à l'exploitation desquels ce même passage est employé. Le surplus de l'étendue superficielle de l'avenue est estimé sur le même pied que les terres de même nature du voisinage.

La valeur réelle d'un chemin qui sert aux exploitations rurales pourra être appréciée ainsi qu'il suit :

Supposons une pièce de terre labourable contenant 10 hectares dont le produit brut soit annuellement de 160 fr. par hectare, et dont le revenu net ou le fermage soit de 40 fr. par an, déduction faite de l'impôt. Pour cultiver cette pièce de terre et enlever les récoltes , le trajet à faire est de 4 kilomètres y compris le retour.

La culture exige le transport de trois chevaux et d'un homme dix fois par an et par hectare, pour les labours et charrois d'engrais et des récoltes ; leur journée est évaluée à raison de 12 fr. en totalité ; mais le trajet des 4 kilomètres à parcourir pour aller et revenir n'absorbe que le cinquième de la journée de travail, ce qui fait, pour les frais des dix voyages, une somme de 24 fr.

Cette partie du travail annuel exige donc une dépense de 24 fr. par hectare. Mais si, au lieu de parcourir 4 kilomètres, on réduit la longueur du trajet à 1 kilomètre, ou, ce qui revient au même, si le trajet est rendu plus facile dans le rapport de 4 à 1, la dépense relative à tous ces frais sera réduite à 6 fr.; ce sera une épargne de 18 fr. par hectare qui tournera au bénéfice du fermier pendant toute la durée du bail, et au profit du propriétaire après son expiration.

SECTION XXIII.

Des chemins de hallage sur le bord des rivières navigables.

La servitude des chemins de hallage sur le bord des rivières navigables diminue la valeur des propriétés riveraines sur toute l'étendue où elle s'exerce. Comme on ne peut cultiver cet espace, il arrive quelquefois que la perte du revenu est totale ; mais ordinairement on y récolte de l'herbe.

Le sol doit toujours être estimé, dans le cas même où l'on n'y récolterait rien ; il a toujours une certaine valeur, parce que l'éventualité d'un produit futur subsiste avec la propriété foncière ; par exemple, si le passage était supprimé et reporté sur l'autre rive, si le cours de la rivière était déplacé, etc.

La valeur expectative de ce sol improductif sera ou faible ou forte, suivant que la servitude sera plus ou moins onéreuse.

CHAPITRE IV.

FONDS DIVERS.

SECTION Ire.

Du cheptel.

Dans plusieurs contrées, et surtout dans les pays à domaines isolés, le propriétaire place ou laisse à demeure dans sa ferme un cheptel de bestiaux, qui est ordinairement évalué en argent; le métayer ou le fermier doivent, à la fin du bail, rendre des bestiaux dont le nombre et l'espèce sont désignés, et dont la valeur soit la même que celle qui a été constatée au commencement du bail.

Cette évaluation en argent étant soumise à la dépréciation des valeurs monétaires, devient erronée à la longue; car un bœuf pesant 300 kilogr. qui vaut aujourd'hui 250 fr., ne valait pas plus de 80 à 90 fr. il y a environ un siècle. Il serai donc plus exact et plus équitable de fixer le poids des bestiaux que d'en estimer la valeur monétaire.

L'évaluation d'un domaine serait très faible si ce domaine était à peu près dépourvu des animaux et des instruments de culture nécessaires pour son exploitation. La quotité et la valeur de ce capital doivent donc entrer dans les calculs relatifs à l'estimation du sol.

Les capitaux des bestiaux et instruments agricoles qui suffisaient, il y a un siècle, pour la culture d'un domaine, sont bien loin de suffire aujourd'hui, surtout si leur valeur a été appréciée en argent dans les baux.

La production des denrées agricoles est beaucoup plus considérable qu'elle ne l'était autrefois, ce qui a exigé un plus grand nombre d'animaux de labour. Ce nombre a en effet augmenté généralement ; mais l'excédant des bestiaux appartient ordinairement au métayer ; sa portion dans le produit de la ferme augmente en proportion de l'accroissement du nombre des animaux de labour ; il accumule un petit capital, et s'achemine ainsi vers la condition de fermier.

On commettrait une grave erreur dans l'estimation du domaine si cette estimation était faite sans égard à cette addition de capital. Par exemple, le cheptel d'un domaine a été évalué 2,000 fr. dans tous les baux anciens et nouveaux; le produit brut actuel et annuel de la ferme est de 1,800 fr.; la moitié qui revient au propriétaire pour sa rente est de 900 fr., car les produits se partagent ordinairement par moitié; mais le métayer possède pour 2,400 fr. de bestiaux, indépendamment de ceux qui forment le cheptel; or, si un nouveau métayer qui succéderait à celui-ci n'amenait pas dans la ferme ce capital additionnel de bestiaux, et qu'il n'en restât que pour 2,000 fr., le produit brut de la ferme descendrait bientôt à 1,500 fr., et la portion du propriétaire serait réduite à 750 fr. par an; elle pourrait même subir à la longue une dépréciation plus forte. Aussi la quotité du cheptel influe dans une forte proportion sur le revenu du domaine.

L'estimation d'un cheptel se fait en recherchant d'abord la valeur ou le prix que l'on obtiendrait si on mettait les bestiaux en vente sur une foire ou sur un marché, et ensuite en calculant ce prix d'après une valeur moyenne sur un certain nombre d'années suivant l'usage des lieux. On doit chercher à connaître la somme qui a été employée à l'achat des animaux, et aux dépenses faites pour leur nourriture et les soins qu'elle exige. On doit avoir égard aussi aux services qu'ils rendent, car la journée de travail des bœufs ou des chevaux a une valeur. Il faut aussi calculer leur décroissance successive, et enfin déterminer le taux d'une espèce de prime d'assurance sur leur vie pour les divers cas de mortalité.

Une remarque qui n'est pas sans importance, c'est qu'à mesure que le mode de culture se perfectionne, le capital de bestiaux tend à passer des mains du propriétaire dans les mains du cultivateur. Lorsque le domaine est exploité par un *granger* ou par un valet de propriétaire, le cheptel appartient en entier à celui-ci. Si c'est un domaine en métayage, le métayer possède ordinairement la moitié des bestiaux qui servent à l'exploitation des terres. Enfin, dans les grandes fermes tous les bestiaux appartiennent aux fermiers.

Qu'il nous soit permis de faire remarquer que

si, dans l'état actuel de l'agriculture, les propriétaires ajoutaient quelques capitaux à ceux que possèdent leurs fermiers, soit pour augmenter le nombre des bestiaux, soit pour agrandir les moyens d'exploitation, on verrait bientôt l'agriculture prendre un développement remarquable; mais ce bon effet ne peut résulter que de l'accomplissement d'une condition essentielle, c'est que ces capitaux soient consolidés à perpétuité dans la ferme, et non prêtés temporairement pour être retirés aux échéances fixées par le prêteur.

SECTION II.

De la chasse et de la pêche.

La *chasse* est productive d'un revenu dans les pays où elle est soigneusement et rigoureusement conservée, comme en Allemagne; mais en France la rente de ce produit ne s'élève guère qu'a 20 centimes par hectare dans les bois, et à

10 centimes dans les plaines si la chasse est affermée.

Mais lorsque le propriétaire veut chasser luimême ou faire chasser, le salaire des gardes, piqueurs, les frais de l'appareil de la chasse, les dégâts occasionnés dans les récoltes ou dans les taillis par le gibier, absorbent ordinairement la valeur de ce gibier et bien au-delà.

Cependant le droit de chasse doit être pris en considération dans certaines circonstances, puisqu'il ajoute quelque chose à la valeur de la propriété. Le produit réel de la chasse tend sans cesse à décroître, car la destruction du gibier augmente continuellement par l'habileté des braconniers qui emploient des collets, des lacets et autres moyens variés et efficaces qui échappent à la vigilance des gardes, et par conséquent à l'action du propriétaire. D'ailleurs, dans un pays où il est permis à chacun de chasser dans toute l'étendue de ses propriétés, ce qui entraîne la possibilité de chasser sur les propriétés de ceux qui n'y mettent pas d'opposition, il est facile de détruire le gibier au passage.

La *pêche* d'une rivière qui traverse un parc ou

d'un ruisseau qui coule à peu de distance d'une maison de campagne présente une certaine valeur d'agrément à laquelle le propriétaire attache souvent une grande importance ; mais cette valeur se confond presque toujours dans celle de la maison de campagne.

CHAPITRE V.

DES MINES, CARRIÈRES ET TOURBIÈRES.

SECTION Iʳᵉ.

Des mines de houille.

Les mines de houille et de métaux qui ne s'exploitent pas à ciel ouvert sont concédées par le gouvernement, qui règle l'indemnité due au propriétaire du sol.

La rente du propriétaire des mines de houille s'évalue communément en Angleterre au dixième du produit total ; en France, depuis que la loi de 1810 est en vigueur, le propriétaire du sol ne reçoit qu'une très faible redevance, et même souvent n'en reçoit aucune.

Mais s'il n'y a point de concession, et que le propriétaire puisse traiter librement avec une compagnie, celle-ci peut payer un fermage dont la quotité varie suivant la richesse de la mine et les frais d'extraction.

Si le propriétaire obtient la concession pour lui, s'il l'exploite en y plaçant ses capitaux et en y appliquant son industrie, le fermage de la propriété sera représenté par la portion du produit qui dépassera les bénéfices ordinaires des entreprises de cette espèce.

Il est difficile d'estimer cette rente, car l'exploitation des houillères est exposée à plusieurs chances, aux inondations, aux éboulements, aux incendies ; enfin des ouvriers et des surveillants qui n'ont pas une longue expérience des travaux ne peuvent procurer aucun profit à l'entrepreneur.

Il faut ajouter que, comme il reste des mines pour bien des siècles, chaque propriété de houillère n'a pas toujours la chance d'une exploitation prochaine.

Combien vaudrait une mine qui produirait 30,000 fr. de revenu net pour les exploitants dans un siècle ? Elle vaudra en capital, à cette époque, 300,000 fr. en calculant au denier 10. Mais une somme de 300,000 fr. à recevoir dans 100 ans ne vaut aujourd'hui que 2,281 fr. 20 c.

en calculant l'intérêt à 5 p. 100, c'est-à-dire presque rien.

Cet exemple suffit pour prouver que l'on doit se défier des exagérations. On est tenté, lorsqu'une houillère est découverte, d'en évaluer très haut la richesse, mais elle n'a de valeur réelle et appréciable que lorsqu'elle est mise en exploitation. D'un autre côté, il est certain que la somme totale des profits provenant des entreprises de ce genre ne dépasse pas l'intérêt des capitaux qui y ont été fixés, en sorte qu'il ne reste rien pour la rente tant qu'une partie de ces capitaux n'ont pas été amortis.

Pour estimer la valeur d'une houillère qui est en exploitation, on cherchera à connaître : 1° la puissance et l'étendue des couches ; 2° la qualité du charbon ; 3° les frais d'extraction, lesquels se composent des intérêts du capital qui représente la valeur des constructions et des machines, plus de tous les salaires ; 4° les frais de transport de charbon au lieu de la consommation ; 5° le prix moyen de ce combustible sur les divers marchés où il se débite.

Les registres de l'exploitation feront connaître

les quantités extraites, le prix moyen, les frais et le produit net.

On recherchera les causes de pertes pour en évaluer l'influence soit nécessaire, soit accidentelle. On aura égard à la diminution successive de la valeur des machines et à l'épuisement des couches. Pour donner un certain degré d'exactitude à l'estimation, il faudrait posséder un relevé exact de toutes les dépenses et de toutes les recettes qui ont eu lieu depuis le commencement de l'exploitation.

Une règle générale, c'est qu'il ne faut pas juger des produits de l'avenir par les produits du passé; car ils peuvent toucher à leur épuisement.

Ce que nous venons de dire sera facilement applicable aux mines de métaux en général.

La rente des mines de plomb et d'étain ne va pas au-delà du sixième de leur produit total. Cette rente est la portion qui revient au propriétaire qui concède l'exploitation de ses mines.

Les mines de pierres précieuses ne produisent presque rien au-delà des frais d'extraction.

L'acte de concession des mines règle les droits des propriétaires de la surface sur le produit des mines concédées ; la valeur de ces droits demeure réunie à la surface ; c'est une propriété tout-à-fait distincte de celle de la mine, même quand celle-ci est concédée au propriétaire de la surface.

Les concessionnaires de mines sont tenus de payer des indemnités au propriétaire de la surface sur laquelle ils établissent leurs travaux.

Si ces travaux ne sont que passagers, l'indemnité est réglée au double de ce qu'aurait produit net le terrain endommagé.

Lorsque le propriétaire du sol est privé de la jouissance de son terrain pendant plus d'un an, ou lorsque ce terrain est endommagé ou dégradé et rendu impropre à la culture sur une grande partie de son étendue, ce propriétaire a le droit d'exiger que ce terrain soit acquis en totalité par le concessionnaire de la mine. L'estimation est faite par experts, et le sol à acquérir doit toujours être payé au double de la valeur qu'il avait avant l'exploitation de la mine. (Loi du 21 avril 1810.)

SECTION II.

Du minerai de fer.

Une grande partie du sol de la France contient du minerai de fer ; mais ce minerai n'a de valeur réelle que lorsqu'il est extrait.

Par exemple, un haut-fourneau est construit dans une contrée riche en mines de fer. On présume qu'il y en aura pour deux cents ans. Chacun des propriétaires de ces mines n'a donc, en général, qu'un 200e de probabilité que ses minerais seront exploités dans le cours de la première année, et un 20e de probabilité qu'ils le seront dans le cours de 10 ans.

Il ne se présente pour eux qu'un seul moyen de sortir de cette incertitude, c'est de les offrir au maître d'usine à un prix qui soit inférieur au prix commun ; mais un autre propriétaire peut n'exiger qu'un prix encore plus faible ; c'est cette concurrence qui établit la valeur moyenne.

Cette valeur ne repose ordinairement sur

aucune base fixe ; cependant on a quelquefois des termes de comparaison. Par exemple, le maître de forges paie 1 fr. ou 1 fr. 25 c. le mètre cube de la terre qui contient un minerai d'alluvion : ce prix sera à peu près le même dans tout le canton. On pourrait aussi calculer sur le prix du minerai lavé, mais ce dernier mode de vente peut donner lieu à des difficultés dans les livraisons.

L'entrepreneur de l'extraction est obligé d'indemniser le fermier pour la perte que celui-ci éprouve pendant la durée des travaux qui interrompent sa jouissance et pour la diminution de la fécondité du sol, pendant toute la durée de son bail ; cette indemnité comprend non-seulement le remboursement de la rente que le fermier paie au propriétaire du sol, mais le bénéfice dont il est privé jusqu'à l'époque où il pourra cultiver d'autres terrains ou reporter son industrie sur ceux dans lesquels se faisait l'extraction du minerai.

Le maître d'usine doit encore réparer le sol de manière qu'il puisse être remis en culture s'il est possible. L'extraction d'une couche de minerai a nécessairement affaissé le sol ; mais on remplit les cavités en plaçant la terre végétale à la superficie.

L'exploitation des minerais de fer est assujettie à des règles auxquelles les maîtres de forges doivent se conformer. Quand ils cessent d'exploiter un terrain, ils sont tenus de le rendre propre à la culture ou d'indemniser le propriétaire. Le prix du minerai qui doit être payé à celui-ci par l'exploitant est réglé de gré à gré ou par experts, devant les tribunaux, s'il y a lieu. On peut prendre les bases que nous venons d'indiquer.

Le propriétaire du sol a le droit de faire extraire lui-même son minerai ; mais c'est un faible avantage ; car s'il ne possède point d'usines, il n'est pas le maître du prix, et si ce prix est réglé d'avance, l'excédant que peut recevoir le propriétaire n'est que la rétribution de son opération industrielle.

En général, le prix du minerai de fer est en raison inverse du prix du combustible dans la localité. En effet, si le combustible est abondant et à bon marché, on peut payer le minerai plus cher, puisque malgré cette hausse de prix on obtient le fer à un prix de revient égal au prix moyen.

SECTION III.

Des carrières de plâtre.

Les carrières de plâtre donnent rarement un fermage de quelque importance au propriétaire qui ne les exploite pas lui-même ; elles ne rendent guère au-delà du profit des capitaux qui sont employés dans l'exploitation et du salaire des ouvriers. Cependant, lorsqu'elles sont situées dans le voisinage d'une route ou d'un canal ou d'une grande ville, et qu'elles sont aussi à portée d'un cours d'eau où l'on peut construire une usine à broyer le plâtre, la réunion de ces circonstances est telle que le propriétaire d'une carrière peut trouver un entrepreneur qui lui donne une rente annuelle.

Mais cette rente n'est guère susceptible d'être capitalisée que comme une série d'annuités croissantes ou décroissantes, et qui doivent finir à une époque plus ou moins éloignée.

En général, pour une carrière ou une mine qui a une très grande valeur, il y en a quatre ou cinq autres dont l'exploitation est onéreuse ou peut le devenir. C'est d'après la quotité des revenus perçus depuis un grand nombre d'années et la probabilité des revenus futurs que l'évaluation doit être assise, sans jamais s'écarter d'une certaine défiance sur la réalisation des produits présumés.

SECTION IV.

Des carrières de pierre.

Les carrières de pierre, d'ardoise, de marbre, de meules, etc., sont toujours d'une grande utilité pour les pays où elles sont mises en exploitation ; car elles occupent ordinairement un grand nombre d'ouvriers ; mais ce n'est que dans quelques positions privilégiées qu'elles rendent un revenu au propriétaire du sol.

Nous allons présenter quelques idées sur l'appréciation de ce revenu ; remarquons d'abord qu'il ne s'agit que de la valeur foncière de la rente du propriétaire du sol, et qu'il n'est pas question des profits de l'entrepreneur.

On cherchera d'abord à fixer le revenu ; mais quelle induction peut-on tirer de la quotité d'une rente établie, par exemple, sur la moyenne des produits de 12 ans ? La carrière n'est-elle qu'effleurée ? Les meilleurs bancs, les plus faciles à exploiter, les plus remarquables par leur qualité restent-ils intacts ? Alors le revenu croîtra nécessairement. Au contraire, les produits ne peuvent-ils plus se maintenir au niveau des années précédentes, l'estimation doit alors être bien faible.

Lorsqu'on est obligé d'asseoir la valeur vénale d'un immeuble de cette espèce, il faut d'abord chercher sa valeur locative pour un bail dont la durée serait de 18 ou 20 années ; si l'on ne peut trouver de fermier, on entre dans un calcul de produits et de dépenses ; mais alors on n'obtient pas une évaluation déterminée ni bien assurée.

Si l'on excepte les carrières situées dans le

voisinage de la ville de Paris, il est peu de carrières de pierres à bâtir qui produisent un revenu de plus de 3 à 400 fr. à leurs propriétaires. La valeur vénale est une suite d'annuités plus ou moins nombreuses.

Passons à quelques vues pratiques. Le premier élément de l'estimation est l'étendue superficielle du sol ; l'indemnité que doit payer l'exploitant au propriétaire doit s'évaluer d'après les considérations suivantes :

1° Lorsque l'exploitation dure longtemps, l'ouverture de la carrière est difficilement comblée ; c'est un espace de terrain perdu et dont la valeur vénale estimative n'est autre chose que celle du champ qu'elle remplace ; il faut ajouter l'indemnité due au fermier pour la non jouissance du sol pendant la durée de son bail ;

2° La valeur des matières extraites de la carrière varie suivant qu'elles sont plus précieuses, plus rares ou plus communes ; on doit en déduire les frais d'extraction et de transport.

Par exemple, dans un territoire où la pierre à bâtir est très commune, le champ qui en contient n'a guère plus de valeur que s'il n'en contenait pas ; car si le propriétaire prétendait en obtenir un prix élevé, il y aurait concurrence entre les propriétaires de carrières semblables pour en offrir aux entrepreneurs, et comme ces extractions peuvent durer pendant plusieurs siècles, la valeur actuelle est bien faible.

Il en est autrement, si le propriétaire possède seul la carrière de pierre, sable, terre à poterie, etc., qui existe dans la localité, la valeur foncière s'établit dans ce cas par la comparaison de l'avantage que trouve l'exploitant à fixer son industrie sur ce point ou à l'exercer ailleurs, ou même à faire venir ses matières premières d'autres carrières éloignées du lieu de son établissement.

C'est donc principalement de leur position que les carrières tirent leur valeur vénale.

Par exemple, un propriétaire perçoit un revenu considérable provenant de l'exploitation d'un banc de pierre calcaire, si ce banc est situé dans une contrée où il n'en existe pas d'autres, et où la chaux est employée à l'amendement des terres.

SECTION V.

Des tourbières.

Les tourbières ont quelquefois une valeur très considérable qui excède cinq à six fois celle de la superficie.

Pour en faire l'évaluation, on commence par apprécier et constater le volume et la qualité de la tourbe.

Le volume ou l'épaisseur des couches se reconnaît au moyen d'un sondage qui se répète de 50 mètres en 50 mètres, ou de 100 mètres en 100 mètres d'intervalle, suivant le degré d'exactitude que l'on veut obtenir à défaut d'autres renseignements.

Quant à la qualité de la tourbe, il est facile d'en faire l'épreuve en la brûlant; celle qui est le moins mélangée de terre est ordinairement la meilleure.

La richesse du terrain tourbeux se mesure par le nombre de *pointes* que l'on peut en tirer. On nomme *pointe* un morceau de tourbe de 25 centimètres de longueur sur 11 centimètres de largeur et 8 centimètres d'épaisseur. Il en faut 454 pour former 1 mètre cube.

On peut calculer le produit de l'extraction de la manière suivante.

Le prix moyen du millier de pointes de tourbe dans le dépôt qui avoisine la tourbière est ordinairement de 4 fr.

Les frais d'extraction sont de onze vingtièmes de cette somme en moyenne, en sorte qu'il reste au propriétaire ou à l'entrepreneur 1 fr. 80 c. par mille, ce qui revient à 82 c. par mètre cube.

Si l'on trouve une épaisseur régulière d'un mètre cube seulement, il y aura pour une somme de 8,200 fr. de tourbe par hectare, frais d'extraction déduits, puisque la tourbière contiendra 10,000 mètres cubes; mais si l'épaisseur uniforme ou moyenne de la couche était de 3 mètres, on pourrait extraire de la tourbe pour 24,600 fr. par hectare, toujours déduction faite des frais d'exploitation.

Cette somme comprend à la fois le produit net de la tourbe et la valeur foncière de la superficie; car un terrain dans lequel on a enlevé une couche de 2 à 3 mètres de profondeur est ordinairement perdu pour la production pendant une longue suite d'années. Ce sont ordinairement des creux remplis d'eau dans lesquels on peut nourrir du poisson qui ne donne qu'un bénéfice insignifiant.

Mais quand on possède des terrains qui renferment une aussi grande quantité de tourbe de bonne qualité, il s'en faut bien que l'on puisse compter sur une valeur réelle et actuelle de 24,600 fr. par hectare.

En effet, si le propriétaire ne veut pas, ou ne peut pas surveiller lui-même l'extraction et le débit de la tourbe ou faire exercer la surveillance de ces opérations par un commis ou un régisseur, il est alors obligé de recourir à un entrepreneur qui doit nécessairement retrancher environ le quart du produit net et total pour la rétribution de son travail et celui de ses employés, pour les frais de recette, les chances de perte et l'intérêt de ses avances.

Enfin l'extraction d'une certaine quantité de tourbe exige un temps plus ou moins long, et même il y a tel terrain d'où elle ne sera pas extraite avant plusieurs siècles. Cette incertitude sur l'époque de la jouissance diminue beaucoup la valeur actuelle d'un sol tourbeux ; en effet, si l'extraction ne doit avoir lieu que dans cent ans, un hectare qui produirait 20,000 fr. ne vaut aujourd'hui que 396 fr. en comptant l'intérêt cumulé à 4 p. 100 par an.

Nous revenons souvent sur des calculs semblables à celui-ci. C'est le meilleur moyen de discerner avec précision des valeurs que l'on n'est que trop souvent porté à confondre. C'est faute de distinguer les valeurs réelles et actuelles des valeurs réelles, mais dont la jouissance est ajournée, que l'on éprouve des mécomptes si graves et si fréquents.

L'emploi qui se fait ou peut se faire de la tourbe influe sur l'estimation ; car si on la carbonise, le produit en sera un peu plus considérable que si l'usage en est restreint à la simple combustion.

Une déduction doit être faite sur l'estimation pour les travaux qu'exige ordinairement l'écoulement des eaux et pour les dommages que ces travaux occasionnent dans certains cas sur les propriétés riveraines.

CHAPITRE VI.

DES COURS D'EAU, CANAUX, ÉCLUSES ET PONTS.

SECTION Ire.

Des cours d'eau.

Le sol sur lequel coulent les rivières et ruisseaux qui ne sont ni navigables ni flottables, appartient aux propriétaires des héritages riverains. Comment estimer le sol ?

Quelquefois un cours d'eau nuit aux propriétés riveraines, soit en détruisant les récoltes par
des crues, soit en couvrant les terres de sable
ou de gravier, soit en entraînant la terre végétale ; mais plus ordinairement les eaux fécon-
dent les terrains qu'elles inondent ou bien elles
procurent des arrosages artificiels, ou enfin elles
donnent une grande valeur d'agrément aux propriétés qu'elles traversent.

En général les cours d'eau sont nuisibles lorsque leur lit est embarrassé par des barrages-écluses ou usines qui en élèvent habituellement le niveau, de manière à rendre les eaux stagnantes ou à les faire séjourner trop longtemps dans les propriétés riveraines.

La valeur de ces propriétés en est souvent réduite de plus de moitié; mais presque toujours il y a des moyens d'assainissement, ainsi l'estimation doit être faite tant sur le revenu actuel que d'après la probabilité d'une amélioration.

Il est des rivières comme la Loire, le Doubs, la Durance, etc., qui changent fréquemment de lit, abandonnent de vastes terrains qui demeurent couverts de sables ou de graviers et s'emparent de terrains fertiles ; mais ces sables ou ces graviers ne tardent pas à se couvrir d'une herbe qui retient le limon, et un nouveau sol végétal se forme bientôt ; l'industrie du propriétaire peut tirer parti de ces atterrissements en y plantant des arbres qui ordinairement y végètent très bien et tendent à augmenter l'épaisseur de la couche de terre.

Il faut donc étudier le mouvement de la rivière au moment où l'on procède à l'estimation des fonds riverains. On peut juger jusqu'à un certain point de la direction qu'elle tend à prendre et de la probabilité d'une érosion plus ou moins grande, plus ou moins prochaine.

Par exemple, si une pièce de terre paraît devoir être inévitablement et entièrement rongée dans le cours de 20 ans, elle ne vaut en capital qu'environ 10 années de revenu. Si le revenu annuel était de 100 fr., il décroîtra comme il suit : 95, 90, 85, 80, jusqu'à zéro. Ce sont des calculs d'intérêt à faire.

La question relative à la valeur du lit occupé par le cours d'eau est assez difficile à résoudre ; cependant, soit à raison de la pêche, soit par des considérations que l'on pourra apprécier, ce terrain n'a guere moins de valeur que celui de la propriété riveraine. Les ruisseaux et rivières non navigables ainsi que les chemins d'exploitation figurent au cadastre comme propriétés non imposables ou affranchies de la contribution foncière, bien qu'elles ne cessent pas d'être des propriétés particulières.

Nous nous occuperons actuellement de la valeur des chutes d'eau.

Une chute d'eau non employée n'a que très peu

de valeur dans les contrées mal peuplées ou éloignées de routes ; elle en acquiert si l'on construit des chemins ou des canaux dans le voisinage. En général l'estimation des cours d'eau de cette classe doit être faible, car l'époque où ils doivent être employés utilement est incertaine, et les ouvrages nécessaires pour les rendre productifs sont très dispendieux ; il faut des écluses, des déversoirs, des vannages, de nouveaux lits pour les eaux surabondantes, travaux qui ne rapportent guère au-delà de l'intérêt de la mise de fonds et ne laissent qu'un faible fermage au propriétaire du sol.

Il faut avoir égard encore aux dégradations que les eaux peuvent occasionner aux propriétés riveraines, et à toutes les réparations que les constructions exigent fréquemment.

Les chutes d'eau tirent souvent leur valeur de la proximité des minerais et autres matières premières qui sont ordinairement exploitées dans une usine, et surtout de la proximité d'un pays où les fabriques et les manufactures sont en prospérité et paraissent devoir s'étendre.

L'estimation que l'on fait d'une chute d'eau pour un partage, ou dans toute autre circonstance qui exige que la valeur réelle et actuelle soit établie d'une manière positive, risquerait d'être erronée ou au moins arbitraire si l'on ne pouvait l'appuyer d'aucun terme de comparaison pris dans le voisinage, d'aucune offre qui serait faite, soit pour affermer ce cours d'eau, soit pour l'acquérir ; dans des cas semblables, on ne peut faire d'évaluation qu'à un taux très modéré.

L'importance de cet objet mérite quelques développements.

Il est rare que l'on estime la valeur d'un cours d'eau considéré isolément. Il en est de magnifiques qui ne rapportent rien, et auxquels il est difficile d'assigner une valeur même médiocre.

Il en est d'assez faibles qui ont une très grande valeur à raison de l'industrie qu'ils entretiennent. Si l'on détournait le cours d'un ruisseau qui sert à des tanneries, à des moulins, etc., il en résulterait souvent une grande destruction de richesse.

Le cours d'eau tire sa valeur des machines ou des usines qu'il fait mouvoir ; souvent elles ont coûté des frais de construction plus élevés en proportion que le capital qu'elles représentent, en sorte qu'il ne resterait rien pour la valeur du cours d'eau si toute sa force motrice est employée à mettre en activité ces machines ou ces usines; mais s'il reste une partie de cette force dont il soit possible de faire usage, il faut dans certains cas en faire l'évaluation.

Par exemple, une chute d'eau est assez puissante pour faire mouvoir un moulin à cinq tournants; elle n'en fait aller que deux qui sont mal construits, et absorbent inutilement la force d'une grande quantité d'eau; cependant, un grand moulin serait utile dans la localité et produirait un bon revenu.

Supposons que ces deux tournants rapportent un revenu net de 1,500 fr. Si on les estime à raison de vingt fois ce revenu, ils valent avec leur cours d'eau 30,000 fr.

Supposons encore que, moyennant une dépense de 80,000 fr., on puisse construire des moulins qui s'affermeraient avec les anciens tournants à raison de 6,000 fr. de revenu net, la valeur primitive et les frais de construction formeront ensemble une somme de 110,000 fr.

Si l'on évalue l'usine sur le pied de 5 p. 100 de son revenu net, elle vaudra 120,000 fr.

La valeur du cours d'eau qui n'était pas employéé entre dans ce capital pour une somme de 10,000 fr.

Nous traiterons de l'estimation des moulins dans un chapitre séparé; nous placerons dans celui-ci l'exposé de quelques considérations générales relatives aux chutes d'eau et aux usines.

La plupart des usines ont coûté des frais de construction infiniment supérieurs à la rente qu'elles produisent; l'appât de grands profits engage à les construire, et souvent les espérances sont déçues. D'ailleurs, il en est peu qui, au bout de trente ans, par exemple, n'aient besoin de notables perfectionnements.

Les profits que l'on tire d'une usine ne représentent généralement que l'intérêt des capitaux; il reste souvent bien peu de chose pour la rente des cours d'eau considérés indépendamment des frais de construction.

Il est des usines qui ont une valeur de monopole : telles sont les forges qu'il n'est permis de construire qu'en vertu d'une ordonnance. Une usine de cette espèce a un peu plus de valeur que s'il était permis d'en établir de semblables sans autorisation du gouvernement.

Un élément que l'on ne doit pas négliger en

estimant une usine, c'est l'examen des titres qui établissent le règlement des eaux, et qui en fixent la hauteur; car la possession n'y est pas toujours conforme, et, s'il faut revenir à l'exécution du titre primordial, le propriétaire éprouve une grande perte. Des procès difficiles à terminer naissent fréquemment des rapports de l'usine avec les propriétés riveraines ou avec d'autres usines.

Dans l'estimation des propriétés de ce genre, on ne perdra pas de vue qu'une chute d'eau, un canal ou biez, un sous-biez, un lit de décharge, un emplacement pour bâtir une usine constituent ce qu'on appelle un *cours d'eau* dans le langage industriel; il s'agit de constater le volume du courant et sa pente, de s'assurer s'il est constamment rempli, de reconnaître la hauteur de la chute, de calculer sa force motrice, et de s'assurer non-seulement si la retenue des eaux n'inondera pas les héritages voisins, mais si elles s'écouleront librement de manière à ne pas refluer sous les roues de l'usine. On évaluera la force du courant dans toutes les saisons de l'année; car, si la rivière est tarie en été, sa valeur, considérée sous le rapport de l'établissement d'une usine, peut être très faible ; les frais à supporter, durant le chômage, peuvent absorber les bénéfices que l'on aurait réalisés pendant la bonne saison.

Une fontaine qui sort d'un héritage peut, dans certains cas, ajouter beaucoup à sa valeur, lorsqu'on peut s'en servir pour l'irrigation d'un pré ou d'un verger, lorsqu'elle coule dans un jardin où l'on peut creuser des canaux, des viviers, des bassins. Il y a tel jardin dont la valeur doublerait si l'on pouvait y amener une source et la faire jaillir.

Nous indiquerons une méthode pour évaluer approximativement la force d'une chute d'eau qui peut servir à faire mouvoir une usine.

On rapporte ordinairement la puissance d'un cours d'eau à la puissance d'un cheval ; celle-ci est évaluée à 75 kilogrammes, parce que l'on suppose qu'un cheval peut élever un poids de 75 kilogrammes à 1 mètre par seconde. La force d'un cours d'eau est le produit du poids de l'eau qu'il dépense multiplié par la chute totale.

Pour déterminer le volume d'eau débité par une rivière ou un ruisseau, on mesure d'abord la largeur et la hauteur moyenne des eaux du courant. Supposons la largeur de 3 mètres et la hauteur moyenne de 80 centimètres, la surface de la section sera de 2 mètres carrés 40 centièmes de mètre carré.

On mesure approximativement la vitesse en jetant sur l'eau un corps d'une pesanteur spécifique peu inférieure à celle de l'eau : tel qu'un morceau de bois ou une boule de cire surmontée d'un morceau de liége, et en observant combien il lui faut de temps pour parcourir un certain espace. Si ce flotteur emploie une minute pour parcourir 120 mètres, la vitesse du courant sera, à la surface de l'eau, de 2 mètres par seconde.

La vitesse de l'eau est plus grande à la surface que dans la partie inférieure du courant, et, pour avoir la vitesse moyenne, on diminue ordinairement d'un cinquième celle de la surface.

On calcule quelquefois sur la proportion de 5 à 6 ; ainsi, dans l'exemple ci-dessus, la vitesse moyenne, réduite d'après ces derniers nombres, serait d'un mètre 66 centimètres par seconde.

Le volume de l'eau, débitée par une rivière, s'évalue en multipliant la vitesse moyenne d'une section par l'aire de cette section.

Dans l'exemple ci-dessus, nous multiplions 1^{m},66 par le nombre 2^{m},40 qui exprime la surface de la section du courant ; le produit est de 5 mètres cubes 98 centièmes de mètre cube par seconde.

Nous supposerons 4 mètres cubes en nombres ronds ; nous supposerons aussi que la chute est de 2 mètres [1] ; multipliant le premier de ces nombres par le dernier, le produit sera de 8 mètres cubes ou 8,000 kilogrammes (un mètre cube d'eau pèse 1,000 kilogr.).

En effet, le volume étant de 4 mètres et la chute de 2 mètres, c'est comme si l'on avait 8 mètres cubes ou 8,000 kilogrammes tombant d'un mètre.

Il ne s'agit plus que de savoir combien il y a de fois 75 kilogrammes dans le nombre 8,000. Le quotient est 106 ; ainsi, la puissance absolue du cours d'eau est de 106 chevaux.

L'effet utile, l'effet produit sur les roues est évalué ordinairement aux deux tiers de la puis-

---

(1) La chute est la hauteur du niveau supérieur de l'eau dans le biez ou réservoir, au-dessus du niveau de l'eau du sous-biez.

sance absolue; par conséquent, le cours d'eau dont il s'agit est de la force effective de 71 chevaux.

Il faut encore remarquer qu'il y a une dépression provenant, soit des aspérités des bords, soit du lit de la rivière, ce qui doit diminuer un peu ce résultat.

L'effet utile est d'environ les deux tiers de l'effet théorique sur les roues à auges; mais avec des roues à aubes droites non encaissées dans leurs coursiers, on perd les trois quarts de la puissance, et l'effet réel n'est alors que de 25 p. 100 de l'effet absolu.

Lorsqu'il s'agit d'estimer la valeur d'un cours d'eau dont toute la puissance pourrait être employée avec avantage, on commence par l'apprécier dans son état actuel. Par une seconde opération, on évalue la puissance qu'il est possible d'utiliser, en déduisant les frais nécessaires pour établir le mécanisme convenable et pour faire les constructions nécessaires; on doit avoir égard aussi aux pertes de temps et d'intérêts, et même aux probabilités défavorables dans la réalisation de l'entreprise.

Le rapprochement de calculs faits sous différents points de vue donne le moyen d'atteindre à une juste estimation de la valeur réelle.

On déterminera d'abord, aussi exactement que possible, la force du cours d'eau.

Exemple. Le produit moyen d'une rivière est de 2 mètres cubes, ou 2,000 litres, ou 2,000 kilogrammes par seconde.

Quelle est la puissance pour chaque décimètre de hauteur?

Pour un décimètre de hauteur de chute, elle est égale à 2,000 kilogr. multipliés par 1/10 (un décimètre) ou à 200 kilogr.

En la réduisant à 67 p. 100 pour l'effet utile, elle sera de 133 kilogr., lesquels, divisés par 75 (nombre qui exprime la force d'un cheval), donnent une puissance d'un cheval 3/4, en négligeant les petites fractions.

On ne perdra pas de vue que le mètre cube contient 1,000 litres ou 10 hectolitres, et que le litre d'eau, qui équivaut à un décimètre cube, pèse un kilogramme.

Autre exemple. Le produit moyen d'un ruisseau est de 1,600 litres par seconde. On aura pour une hauteur d'un mètre une force de 1,600 kilogrammes, et pour une hauteur d'un décimètre, 160 kilogrammes.

Si l'effet utile n'est que moitié de l'effet absolu, on trouve pour un décimètre une force effective de 80 kilogrammes. On divise 80 par le nombre 75 qui exprime la force d'un cheval; le quotient est 1 cheval 0666. Si la hauteur de la chute est de 65 centimètres, la force est de 6 chevaux 94/100.

Autre exemple. Quelle est la force d'un cours d'eau qui fournit $0^m,450$ par seconde, ce qui équivaut à 450 litres par seconde, et dont la chute est d'un mètre 32 centimètres?

On multiplie 0,450 par $1^m,32$, le produit est 594,0 kilogrammes. — On divise ce produit par 75; le quotient est 7,92. En sorte que la force théorique de ce cours d'eau est de 7 chevaux 92/100.

Si l'effet est de moitié, la force réelle du cours est de 3 chevaux 96/100 ou de 4 chevaux en nombre rond.

SECTION II.

Des écluses, vannages, batardeaux.

Avant de parler des diverses classes d'usines en particulier, nous dirons un mot des ouvrages d'art sans lesquels on ne peut employer une chute d'eau.

Les écluses qui sont construites en travers du lit ou sur le bord des rivières coûtent souvent des sommes considérables; les unes sont destinées uniquement à élever les eaux pour faire manœuvrer des usines ou fabriques; d'autres ont pour utilité de porter les eaux dans des prairies.

Quelquefois ces ouvrages ont été construits comme en Italie pour contenir les eaux des fleuves, ou en Hollande pour défendre le sol contre les flots de la mer; mais ces constructions ont été exécutées soit aux frais de l'État, soit aux dépens des compagnies. Nous ne nous occuperons pas de la valeur de ces travaux gigantesques qui n'entrent point dans la propriété

privée; nous ne traiterons que des constructions qui ont été faites par des particuliers et à
leur profit.

C'est bien plutôt par l'augmentation de revenu que ces ouvrages procurent, que par les
sommes qu'ils ont coûtées, qu'il faut en estimer la valeur.

Supposons une digue qui fait mouvoir des
moulins dont le revenu ou prix de bail est de
10,000 fr., le fermier étant chargé des réparations d'entretien, et que les grosses réparations
soient évaluées en moyenne à 2,000 fr., le revenu net sera de 8,000 fr. On peut évaluer
cette usine en totalité 160,000 fr.

Supposons encore que l'écluse ait coûté pour
sa construction . . . . 100,000 f.
Et que les frais de construction de
l'usine se soient élevés à. 150,000
____
250,000 f.

Voilà donc une dépense primitive bien supérieure à la valeur actuelle, même en comptant
le cours d'eau pour rien.

En faisant la ventilation ou la répartition

21.

proportionnelle de la dépense totale, on trouvera que l'écluse entre dans la somme de
160,000 fr. pour . . . . 64,000 f.
Et l'usine pour . . . : 96,000
———————
Total égal. . . . . . . 160,000 f.

Mais si l'écluse était détruite soit par un acci-
dent, soit par un défaut de construction, et qu'il
fallût dépenser 100,000 fr. pour la rebâtir,
l'usine avec son écluse ne vaudrait toujours
que 160,000 fr., par conséquent la valeur des
moulins serait réduite à 60,000 fr.

Les ouvrages d'art qui servent à l'irrigation
des prés ne sont susceptibles d'évaluation que
sous le rapport de la valeur artificielle qu'ils
ajoutent à la prairie. Les probabilités de la durée de ces ouvrages doivent être étudiées avec
soin.

Souvent leur valeur ne peut s'estimer numé-
riquement qu'en la réduisant à une série d'annuités décroissantes; car si ces constructions
ont coûté une somme disproportionnée à la valeur qu'elles ajoutent à la prairie, il n'y a pas
d'apparence que ces ouvrages puissent jamais

être reconstruits lorsqu'ils tomberont de vétusté, et à la fin les réparations deviennent très onéreuses, sinon impossibles.

SECTION III.

Des canaux de navigation.

La plupart des canaux de navigation coûtent des frais de construction tels que le produit annuel, déduction faite des dépenses, atteint rarement l'intérêt de ces frais; néanmoins ces entreprises sont encouragées et doivent l'être parce qu'elles contribuent à accroître la richesse générale.

La propriété des canaux est ordinairement constituée d'une autre manière que la propriété privée; on la met en actions; ces actions se vendent sur un marché où leur cours est établi et fixé par le concours des acheteurs et des vendeurs; la facilité de les vendre chaque jour sans formalités dispendieuses en porte le prix vénal un peu au-dessus du prix courant des autres propriétés.

Pour estimer la valeur d'un canal, il y a une foule de considérations à peser : l'état où il se trouve, les réparations, les reconstructions prévues ou imprévues, le taux des tarifs, le montant des frais de perception, la concurrence de nouveaux canaux, de nouveaux chemins de fer, l'influence de l'état de paix ou de guerre, la probabilité de la prospérité ou de la décadence des manufactures, la possibilité de l'exploitation de nouvelles usines, l'établissement de nouvelles routes, la difficulté et la complication de la gestion ; tout cela influe sur l'estimation de la propriété d'un canal.

Ce qui tend à rendre le produit inégal ou précaire, c'est que les tarifs n'étant pas fixés d'une manière immuable, le gouvernement peut les réduire ou les hausser, et ainsi il peut faire descendre le revenu au niveau des frais d'entretien.

La valeur des canaux ne peut se maintenir que par la conservation du privilége. Le besoin de recourir à l'intervention de l'autorité ôte nécessairement à la propriété son caractère de possession exclusive et de durée perpétuelle. Il s'agit donc, pour évaluer cette propriété, d'apprécier et de réduire sous la forme de capitaux des annuités plus ou moins prolongées.

Les mêmes difficultés que l'on rencontre dans l'estimation des canaux de navigation se compliqueraient encore s'il s'agissait de déterminer la valeur d'un chemin de fer ; car la construction de ces voies de communication est encore trop récente pour que l'on ait pu se former des idées positives sur leur produit net ; quant à leur valeur vénale, il est évident qu'elle ne sera jamais aussi élevée que celle des propriétés privées, en proportion du revenu.

———

SECTION IV.

Des ponts.

Les ponts n'ont pas en général une valeur assignable. Ce sont presque toujours des propriétés publiques qui entrent dans la masse générale de la richesse de l'État ou des communes, et qui tendent à accroître cette richesse en favorisant le développement des moyens de communication.

Les ponts qui existent dans les propriétés particulières procurent ordinairement le même avantage ; mais on n'a guère l'habitude de les faire entrer dans les estimations pour une valeur numérique.

Supposons un pont appartenant à un particulier et établi sur un cours d'eau qui traverse son héritage.

Il faut distinguer les divers usages de ce pont. Ne sert-il qu'à contribuer à l'agrément de la propriété ? Il s'en faut bien alors, si l'on ne considère que la valeur vénale, qu'il vaille les frais de construction.

On peut se demander quelle serait la valeur de l'immeuble si ce pont n'existait pas, et quelle en est la valeur s'il existe ? La différence exprime la valeur de ce pont. Mais s'il ne sert que médiocrement, s'il ne contribue que peu à l'agrément de la propriété, il est certain que les frais de son entretien et de sa reconstruction à une époque plus ou moins éloignée, en atténuent tout le mérite. Souvent il faut réduire l'estimation à celle des simples matériaux.

Mais si l'utilité de ce pont est telle que sa re-construction soit indispensable dans le cas où il tomberait en ruines, il vaut actuellement toute la somme qu'il en coûterait pour le reconstruire, moins les réparations à faire pour le remettre en très bon état.

Supposons qu'un pont existant dût coûter pour le reconstruire à neuf, en lui donnant le même degré d'utilité et de solidité qu'il avait lorsqu'il était neuf, la somme de 12,000 fr., ci. .12,000 f.

Il est nécessaire d'y faire actuelle-ment des réparations évaluées : 2,000 f.

Il faut encore déduire la
somme qu'il en coûtera pour
le reconstruire dans cent ans,
terme de sa durée présumée,
somme qui, ramenée à sa valeur actuelle au taux de 5. p.
100 est de.   96
                                   ————————
                             2,096   2,096
                                       ————————
                    Il reste. 9,904

Par conséquent le pont vaut actuellement la somme de 9,904 fr.

Une estimation rigoureuse est indispensable pour les ponts appartenant à des particuliers ou à des compagnies qui les ont construits ou achetés et à qui le gouvernement a concédé un droit de péage.

Pour simplifier les calculs, apprécions d'abord l'importance des frais de reconstruction à l'époque probable où ce pont tombera de vétusté ; nous supposons qu'il a coûté 100,000 fr. à bâtir.

Nous pouvons considérer sa durée comme indéfinie si on l'entretient et si on le répare partiellement ; car, si l'on rétablit des parapets et le pavé lorsqu'ils sont dégradés, si les voûtes sont restaurées à mesure qu'elles se détériorent, si les piles mêmes sont reprises en sous-œuvre, l'édifice durera aussi longtemps qu'il sera ainsi entretenu et même bien au-delà ; mais si l'on veut enfin assigner un terme à sa reconstruction totale et que ce terme soit fixé à 200 ans, que d'un autre côté les frais de reconstruction soient évalués à 100,000 fr., il est certain que cette somme ramenée à sa valeur actuelle sera si faible qu'il est inutile de la faire entrer séparément en compte.

Ainsi, dans l'évaluation d'un pont on aura simplement égard aux réparations nécessaires pour son entretien et à tout ce que l'on peut appeler grosses réparations.

Supposons que le pont rende à ses propriétaires un péage annuel dont la durée soit fixée à 100 ans par l'acte d'établissement et que le produit de ce péage soit en moyenne de 15,000 f.

On déduira :

Pour les frais de perception:

10 p. 100. 1,500

Pour les réparations d'entretien. 1,500

Pour les grosses réparations, reconstruction de diverses parties, assurance contre les chances d'une destruction totale . . 2,000

Pour frais de surveillance et de régie. 1,000

                6,000   6,000

         Revenu net. . . . 9,000

Ainsi la valeur vénale du pont dont il s'agit est égale à celle d'une annuité de 9,000 fr., dont

la durée serait de 100 ans, en calculant l'intérêt à 5 p. 100.

La valeur actuelle de la première annuité est
de 8,572 fr. ce qui équivaut à 9,000 fr., moins
l'intérêt d'un an, puisqu'on ne le recevra que
dans un an.

La valeur actuelle de la deuxième annuité est
de 8,164 fr., et ainsi de suite.

La somme totale de 100 annuités ainsi rédui-
tes est de 178,477 fr., somme égale à la valeur
du pont. Telle est l'évaluation mathématique
qui est susceptible d'être modifiée d'après des
considérations diverses. Le chemin sera-t-il
plus fréquenté à l'avenir qu'il ne l'est aujour-
d'hui? Au contraire, n'a-t-on pas à craindre la
concurrence d'un nouveau pont qui serait bâti
à peu de distance de celui-là? Des guerres qui
surviendraient dans le cours d'un siècle n'inter-
rompraient-elles pas la perception du péage?
Enfin, ce pont ne peut-il pas être entraîné par
les eaux dans une crue extraordinaire?

C'est à la sagacité de l'estimateur à apprécier
ces chances.

Le tarif du péage étant fixé irrévocablement

en numéraire, on doit avoir égard à la dépréciation du signe monétaire ; d'un autre côté, un droit de propriété qui n'est pas perpétuel perd beaucoup de son prix dans l'opinion des appréciateurs ; enfin cette propriété présente tous les inconvénients de l'indivision ; elle n'offre aucun des avantages de la possession des terres sur lesquelles le propriétaire peut exercer librement son industrie.

L'influence de ces motifs est telle qu'il ne se trouverait probablement point d'acquéreurs qui voulussent payer 180,000 fr. la propriété du pont que nous avons pris pour exemple, quoiqu'il rende 9,000 fr. de revenu net ; mais on pourra arbitrer l'estimation à la somme de 170,000 fr.

CHAPITRE VII.

DES USINES ET MANUFACTURES.

SECTION Ire.

Généralités.

On distingue les usines des fabriques en ce que dans ces dernières il y a plus de travail humain, et dans les premières plus de travail mécanique ou résultant de l'effort d'un cours d'eau et de machines.

Ainsi un moulin, une fonderie de métaux sont des usines. Une tuilerie est une fabrique.

Les progrès de l'art des constructions et surtout l'émission de grands capitaux pour construire des machines plus parfaites, pour en simplifier le mouvement et épargner par conséquent sur la dépense de la main-d'œuvre et en définitive produire des marchandises à meilleur marché, tendent sans cesse à déprécier la valeur des établissements d'une époque antérieure.

Il est peu d'usines ou de manufactures anciennes dans lesquelles le capital primitif des
frais de construction ne soit amorti.

Ainsi, en estimant un établissement de ce
genre, il ne faut pas compter sur une valeur que
l'on pourrait maintenir uniformément et perpétuellement au moyen de réparations ordinaires ; au contraire, on doit prévoir un terme où
les machines, les bâtiments même n'auront plus
que la valeur de simples matériaux ; ce n'est
donc pas une jouissance indéfinie qu'il s'agit d'é-
valuer ; mais la jouissance d'un nombre d'années limité, quel qu'il soit.

Leur exploitation donne ordinairement des
bénéfices considérables pendant un certain nombre d'années ; mais à la fin le fermage décroît,
à moins que le propriétaire ne fasse dans les
constructions les changements que les progrès
de l'art ont rendus nécessaires.

C'est dans une vague prévision de cette nécessité que l'on déduit ordinairement le quart ou le
cinquième du revenu pour les grosses réparations ; il est évident que cette réduction serait
trop considérable s'il ne s'agissait que d'entretenir les usines ou fabriques dans leur état
primitif, mais on forme ainsi une espèce de fonds

d'amortissement qui, se capitalisant au bout d'un grand nombre d'années, peut subvenir aux frais d'une reconstruction complète des machines qui doivent être remplacées ; ces reconstructions, qui ont pour objet de mettre l'ancien établissement au niveau des fabriques nouvelles ou rivales, ne produisent pas toujours l'amélioration que l'on attendait ; la cause en est dans une foule de chances de non réussite, dans les dépenses mal entendues et souvent même dans l'insuffisance des dépenses réellement utiles.

Ainsi, supposons qu'au lieu d'évaluer au cinquième du revenu les grosses réparations d'une usine affermée 6,000 fr., on les évalue au quart de ce revenu, la différence sera d'un vingtième ou de 300 fr. par an ; mais une somme de 300 fr. placée à intérêts cumulés au taux de 4 p. 100 par an, produit au bout de 50 ans un capital de 33,837 fr.

En analysant l'emploi d'un capital placé dans l'établissement et l'exploitation d'une manufacture, nous reconnaissons qu'il se compose :

1° De la valeur des constructions et machines ;

2° De la valeur des outils et ustensiles ;

3° Des avances qu'exige l'entretien des travailleurs.

4° De la valeur des matières brutes qu'emploie l'industrie;

5° De l'intérêt de toutes ces avances.

Comme une manufacture établie depuis long-temps peut livrer ses produits à meilleur marché qu'une manufacture semblable construite nouvellement, cette dernière éprouve nécessairement une concurrence fàcheuse, si elle emploie les mêmes procédés de fabrication que la première.

Supposons une manufacture qui a coûté 300,000 fr., tant pour la construction des bàtiments que pour l'achat des machines, et que cette fabrique devienne l'héritage d'un successeur à titre gratuit du constructeur primitif.

L'héritier cherchera, en faisant valoir sa fabrique, à en retirer d'abord 30,000 fr. par an pour représenter le fermage, plus l'intérêt du capital circulant dont il fait l'émission, plus la rétribution de son industrie.

Mais s'il ne vend pas ses marchandises assez rapidement à son gré, il peut, sans ralentir sa fabrication, les vendre, par exemple, à 5 p. 100 au-dessous du cours; le fermage de son usine qu'il comptait pour 14,000 fr. environ sera réduit à 12,000 fr. si l'on veut; mais son capital circulant reste intact, et il peut continuer de travailler; ses concurrents sont obligés de se conformer au prix du marché, c'est-à-dire de faire une baisse de 5 p. 100; et si leur usine a coûté 300,000 fr. de frais de construction, elle perd immédiatement environ 30,000 fr. de sa valeur vénale; car la perte ne peut porter sur le capital circulant.

Les perfectionnements que l'art et le temps amènent dans les constructions de ce genre, déterminant une dépréciation des capitaux qui y sont engagés, la prévision de cet événement engage le possesseur à travailler autant que le permet la masse de ses capitaux; il est obligé de vendre au cours et souvent un peu au-dessous. Ainsi, la valeur primitive de l'établissement diminue chaque fois qu'il tombe dans une succession, ou entre les mains d'un nouvel acquéreur.

SECTION II.

Des moulins à eau.

La différence entre la valeur d'un petit moulin, composé de deux tournants ou de deux paires de meules, et celle d'un grand moulin à six tournants, construit suivant le meilleur mode, est souvent plus grande qu'on ne pourrait le supposer.

La fabrication de la farine, qui paraîtrait devoir être dans le rapport de 1 à 5 entre ces usines, sera dans le rapport de 1 à 7.

Le possesseur du petit moulin fabriquera sa farine plus chèrement que le capitaliste qui exploite le grand moulin, qui a établi une bonne division du travail et des machines puissantes ; ce dernier pourra donc acheter un cours d'eau plus cher que ne l'achèterait celui qui ne veut construire qu'un petit moulin. Ainsi, les grands cours d'eau, qui sont à portée des routes ou des grandes villes, se vendent beaucoup plus cher en proportion que ceux qui sont de force médiocre et qui sont situés loin des voies de communication.

Les calculs suivants donneront une idée de la manière d'estimer les produits d'un moulin.

Il faut ordinairement 2 hectolitres de blé-froment pour obtenir un sac de farine du poids de 125 kilogr. et 30 kilogr. de son. Lorsque nous parlerons du nombre de sacs de mouture, nous sous-entendrons toujours la fabrication d'un nombre proportionnel de sacs de son.

Un moulin bien construit à 7 tournants, dont 2 seulement se meuvent en été, peut fabriquer 18,000 sacs de farine par an.

Le prix de la mouture est ordinairement de 2 fr. 45 c. par sac de farine, y compris le transport du blé et de la farine entre le moulin et le domicile de celui qui fait moudre le blé.

Le produit total des recettes, pour frais de mouture, doit s'élever par an, d'après ce calcul, à la somme de 44,000 fr. ; mais il est rare que tous les tournants marchent à la fois ; les grosses et les menues réparations, ainsi que l'entretien des meules, produisent de fréquents chômages ; nous évaluerons, en conséquence, la recette totale à la somme de 40,000 fr.   40,000

Frais annuels de fabrication.

Traitement d'un contre-maître de l'usine, 1,800 fr., ci . . . . . .   1,800 fr.
Gages de 3 farineurs à 1,000 fr. chacun.   3,000

A reporter. . . .   4,800

Report . . .	4,800 f.
Salaire du mécanicien qui tient les meules en bon état.	950
Gages de 2 aides - farineurs à 850 fr. chacun.	1,700
Deux charretiers et un aide qui coûtent en tout par an.	2,500
Un garde-bluterie qui coûte. . .	750
Traitement d'un commis pour les écritures, frais de bureaux et de recouvrement.	1,500
Pour éclairage, graissage et menu entretien.	1,100
Curage du canal..	200
Salaires de charpentiers, serruriers, maçons; fourniture de bois, pierre et fer, par an.	1,200
Impôts et patente.	600
Assurance des bâtiments contre l'incendie.	150
Frais de renouvellement de chevaux, achat de nouveaux harnais, entretien de ces derniers objets, nourriture des chevaux.	2,000
A reporter. . .	17,450

Report. . . **17,450 fr.**

Intérêt du capital circulant, ou
des avances nécessaires pour faire
vivre le meunier et tous ses ouvriers en attendant la rentrée des
fonds. **1,500**

Pertes, accidents. **1,000**

19,950

On peut compter, en nombres ronds, 20,000 f.

Cette somme comprend les dépenses pour les
menues réparations et l'entretien de l'usine ;
mais elle ne comprend pas les frais de grosses
réparations qui restent à la charge du propriétaire.

Le produit total annuel est de. . **40,000** fr.

Les frais sont de. **20,000**

Revenu net. **20,000**

Ce produit représente 1° le profit de l'entrepreneur qui comprend la rétribution de son
industrie, et de celle des membres de sa famille
qui sont occupés à l'exploitation de l'usine ;
2° le fermage ou la rente due au propriétaire.

Le partage des 20,000 fr. de produit net annuel se fait à peu près dans une égale proportion.

10,500 fr. pour le fermier.

9,500 fr. pour le propriétaire.

Le rapport entre ces deux sommes peut varier suivant que l'usine est plus ou moins ancienne, suivant que son produit dépend plus ou moins de la capacité de l'entrepreneur ; il faut remarquer que, si l'usine est placée dans une localité favorable au commerce des farines, elle a plus de valeur que si le fermier ne peut jouir de cet avantage.

Reprenons notre exemple :

Le fermage est de 9,500 fr.

Déduisant 1/5 pour les grosses réparations nécessaires annuellement au maintien perpétuel de l'usine en bon état, il restera 7,600 fr. de revenu net que l'on peut capitaliser en multipliant ce revenu par 20 ; en sorte que la valeur vénale de l'usine sera en moyenne de 155,200 fr.

Mais cette estimation, quelque juste qu'elle paraisse, ne sera pas définitive. On tiendra compte des chances de perfectionnement dans le mécanisme des usines, d'où résultera pour le possesseur, à une époque plus ou moins éloignée, la nécessité de démolir et de reconstruire,

à moins qu'il ne préfère se soumettre aux pertes qu'une habile et nouvelle concurrence peut
lui faire subir.

SECTION III.

Des moulins à vent.

On divise les moulins à vent en deux classes :
ceux qui sont construits entièremeut en bois, et
ceux qui sont revêtus d'un mur circulaire. Les
premiers ont beaucoup moins de durée que les
seconds.

Pour en faire l'estimation, il faut d'abord connaître le prix du bail, s'il y en a un ; la déduction, pour les frais d'entretien et les grosses réparations, vient ensuite. Il reste à poser les chances
aléatoires qui sont ordinairement nombreuses
dans ces sortes d'usines ; l'entretien est difficile
et dispendieux ; les accidents sont fréquents.
Des moulins à eau ou à vapeur peuvent être construits à quelque distance, et le moulin à vent
risque d'être abandonné.

Lorsque le revenu net est évalué d'après le prix du bail comparé avec celui que rendent les usines de la même espèce, on le capitalise, en le multipliant par 16, en sorte que la propriété d'un moulin à vent doit rendre un peu plus de 6 p. 100.

Supposons un moulin à vent affermé 600 fr.; on retranche un quart pour les réparations et l'impôt, il restera un revenu net de 450 fr., qui, multiplié par 16, correspond à un capital de 7,200 fr.

C'est une de ces propriétés qui ne conviennent qu'à ceux qui les exploitent; elles exigent un entretien qui, pour être complet, doit être l'ouvrage du propriétaire lui-même; s'il en charge le fermier, celui-ci le néglige, et l'usine ne tarde pas à se dégrader et finit par tomber en ruine. Les réparations sont beaucoup plus onéreuses pour un propriétaire absent que pour celui qui est à la fois propriétaire et fermier; l'usine a beaucoup de valeur entre les mains d'un propriétaire qui, au moyen d'un petit capital, trouve, dans cette exploitation, le moyen de tirer parti de son travail et de celui de sa famille.

Nous ferons encore remarquer que l'on préfère en général la mouture des meules mues par un cours d'eau à celle des moulins à vent, toutes les fois que les frais de transport du blé et de la farine ne sont pas trop considérables; ainsi à mesure que le perfectionnement de moulins à eau se développera, à mesure que les voies de communication se perfectionneront, les moulins à vent perdront de leur valeur relative.

SECTION IV.

Des forges et hauts-fourneaux dans lesquels on emploie le charbon de bois.

Il s'en faut de beaucoup que la construction des forges et fourneaux rapporte net 5 p. 100, si l'on considère uniquement le revenu que l'on peut en tirer en les affermant; mais les constructeurs se proposaient encore un autre objet que d'obtenir simplement ce revenu; ils voulaient ordinairement donner de la valeur à des forêts qui ne rapportaient rien, à des terres qui restaient incultes, faute de consommateurs pour les produits. Le fondateur cherchait quelquefois de l'emploi à son industrie et à ses capitaux, en occupant un grand nombre d'ouvriers.

Ainsi la valeur de ces usines ne pouvait s'estimer que dans ses rapports avec l'exploitation de forêts ou de terres ; cette valeur est bien affaiblie lorsque ces exploitations ne donnent plus que des bénéfices ordinaires.

Supposons une forge construite dans le voisinage d'une forêt où le bois valait 1 fr. le stère et dans une contrée peu cultivée, mais couverte de pâturages, où les fourrages étaient à très bon marché, les profits de l'exploitation ont dû être considérables, tant à raison du bas prix du combustible que par le bon marché des frais de transport des minerais, charbons, fontes et fer.

La construction a pu coûter très cher et procurer de grands avantages au fondateur, et des bénéfices considérables aux exploitants.

Mais lorsque les bois se sont épuisés, lorsque par l'effet des défrichements les fourrages sont devenus plus chers, et que les frais de transport ont augmenté dans la même proportion, les bénéfices de l'exploitation ont diminué, diminution qui affecte principalement le fermage de

l'usine, surtout si d'autres forges peuvent consommer les bois qui étaient précédemment affectés à la première.

Ainsi la valeur soit locative, soit vénale des
usines, tend à décroître.

Il est presque toujours indispensable de faire
l'estimation sous deux points de vue :

1º On considère l'usine dans ses rapports
avec les forêts et les mines dont elle consomme
les produits, si, comme nous le supposons, ces
propriétés foncières sont réunies dans la même
main. On reconnaît que ces objets se prêtent
une valeur mutuelle. Mais dans l'estimation de
l'usine, il y a une limite qui ne peut être fran-
chie à moins de circonstances particulières ; la
valeur estimative ne peut dépasser les frais de
construction, abstraction faite de la valeur du
cours d'eau ; l'excédant de la valeur apparente
sur la valeur estimative doit être appliqué aux
mines ou aux forêts auxquelles l'usine sert de
débouché.

2º On suppose ensuite que l'usine appartient
à un propriétaire, et que le bois et la mine deviennent l'héritage d'un autre propriétaire ;
l'usine aura beaucoup perdu de sa valeur si les

approvisionnements doivent tous être pris dans la forêt ou la mine qui y étaient annexés primitivement ; mais si l'usine peut trouver ailleurs d'autres approvisionnements, il ne s'agit que de calculer la différence des frais de transport et les effets de la concurrence.

Réciproquement la valeur des forêts et des mines est modifiée lorsque l'usine qui servait à en exploiter les produits ne se trouve plus dans les mains du même propriétaire.

Passons à quelques applications :

Un haut-fourneau, situé sur un cours d'eau, s'afferme ordinairement à raison de la quantité de fonte que l'on peut y fabriquer et de la proximité des matières premières.

Le fermage annuel d'un bon fourneau et de ses dépendances nécessaires s'élève de 5 à 7 fr. par 1,000 kilogrammes de fonte que l'on y fabrique.

La valeur vénale de cette usine est en moyenne de vingt fois le revenu net, sur lequel on fait la déduction des réparations.

Les forges à marteau se louent par an de 4 à 6 fr. par 1,000 kilogr. de fer que l'on peut y fabriquer ; leur valeur vénale est ordinairement

de dix-huit fois le revenu net, réparations dé-
duites.

La valeur des forges tend à décroître plus que
celle des hauts-fourneaux, par l'effet de la concurrence des forges qui emploient de la houille.

Les forges qui consomment de la houille ne
sont pas encore assez nombreuses en France
pour que l'on puisse en calculer la valeur
moyenne. L'estimation en serait faite au besoin, d'après les diverses règles que nous avons
posées pour l'évaluation des bâtiments et des
usines en général.

SECTION V.

Des manufactures, fabriques de produits chimiques, etc.

Si ces manufactures ou fabriques sont en
pleine activité et travaillent avec succès, on procède à l'estimation en calculant d'une part les
frais de construction, et d'un autre côté le fermage probable.

Mais s'il y a eu une cessation de travaux, faute

de trouver des fermiers, si le propriétaire lui-même a éprouvé par l'effet de son exploitation des pertes qui l'aient obligé de cesser la fabrication, on ne peut estimer que la valeur des matériaux et des machines en supposant qu'on les vendît; on évalue le sol et les chutes d'eau, s'il y en a.

Si la fabrique est affermée, on examinera les probabilités que ce revenu puisse subsister sans réduction pendant un certain espace de temps, et d'après les présomptions plus ou moins fortes, on fixera la quotité d'une réduction sur ce revenu moyen pour former un capital qui suffira aux frais de construction de nouvelles machines.

En général, plus les manufactures et usines exigent de machines diverses et compliquées, plus il y a de probabilités que des changements ou des perfectionnements devront s'opérer dans leur mécanisme.

La valeur vénale variera d'après cette considération, en sorte qu'une fabrique pour laquelle les frais de construction de bâtiments sont peu considérables en comparaison de ceux qu'a entraînés la confection des machines, ne pourrait guère être évaluée au-dessus de douze fois le revenu net résultant d'un prix de bail; car ces machines s'usent, se dérangent et se détériorent promptement. Il est vrai que le fermier est ordinairement obligé de les entretenir, de les réparer, de les remplacer; mais de quelques précautions que l'on use dans la rédaction d'un bail, la détérioration tombe presque toujours à la longue sur le propriétaire.

Si les produits de la fabrique sont dus principalement à la science du fermier ou propriétaire qui fait valoir l'établissement, le prix de fermage, soit calculé, soit résultant des baux, ne peut guère servir de règle; car il y aura peu de concurrence lorsqu'il s'agira de renouveler ces baux.

SECTION VI.

Des fabriques de sucre de betterave.

Les effets de la concurrence du sucre de canne sont trop incertains, pour que l'on puisse faire une estimation exacte de la valeur des fabriques de sucre de betterave, surtout si cette estimation doit se rapporter à un avenir plus ou moins éloigné. Le sort de ces derniers établissements ne sera pas fixé tant que le sucre de betterave coûtera plus que le sucre de canne, y compris le fret et les frais de transport jusqu'au lieu de la consommation.

Supposons qu'il soit nécessaire d'évaluer une fabrique construite depuis quatre ans et dont les exploitants ont gagné 10,000 fr. par an, indépendamment du salaire de leur industrie et de l'intérêt des fonds qui forment le capital fixe et le fonds de roulement ; il est évident que l'on devrait trouver à affermer cette fabrique au prix annuel de 10,000 fr. Mais, en supposant que l'on pût faire un long bail à ce prix, devrait-on le prendre pour règle dans l'estimation de la valeur vénale ? Non, sans doute, car, pendant la durée de ce bail, les perfectionnements qui seront introduits dans la confection du mécanisme rendront nécessaire l'émission de nouveaux capitaux pour remplacer les machines qui ne seront plus capables de servir.

Les bases de l'évaluation seront celles-ci :

1° Le sol sur lequel sont placées les constructions a une valeur réelle qu'il tire principalement de sa position ;

2⁰ S'il y a une chute d'eau, elle a sa valeur comme force motrice ;

3⁰ Les bâtiments ont aussi une valeur appréciable, indépendante du succès de la fabrique lorsqu'ils peuvent servir à une autre destination ;

4⁰ Enfin, les machines et les ustensiles ont aussi leur valeur, ne fût-ce que celle de la matière dont ils sont formés ; on a soin d'en dresser un inventaire et de constater l'état dans lequel ils se trouvent.

Mais indépendamment de ces dernières valeurs les bâtiments et ustensiles en ont une autre, c'est celle qu'ils tirent du revenu net que la fabrique produira dans son état actuel pendant un nombre d'années donné ou présumé.

C'est ce revenu futur qu'il s'agit d'apprécier ; on pourra en dresser un tableau dans la forme suivante :

1er bail. — 6,000 fr. par an ; réparations annuelles, 1,200 fr.

2e bail. — 5,500 fr. par an ; réparations annuelles, 1,300 fr.

3ᵉ bail. — 5,000 fr. par an; réparations annuelles, 1,400 fr.

Dans ces réparations on comprend le renouvellement d'une partie des machines et des ustensiles.

On peut pousser ce tableau jusqu'au point où l'on suppose que le revenu ne peut plus éprouver de diminution; car, s'il décroissait toujours, la valeur de l'établissement se réduirait en définitive à celle du sol, du cours d'eau, des bâtiments et des matériaux, comme nous venons de le dire. La plupart de ces fabriques n'étant pas affermées, il est souvent indispensable de calculer le produit net d'après des livres de compte; la somme des dépenses est soustraite de la somme des recettes; il faut ensuite déduire l'intérêt du fonds de roulement et le bénéfice de l'entrepreneur et l'impôt; le reste doit former le fermage.

Il est évident que le profit que l'on peut attendre d'une sucrerie tient au bas prix des betteraves dans la localité, car les frais de manutention doivent être à peu près les mêmes partout. Il faut de 2 à 3 millions de kilogrammes de betteraves pour la fabrication annuelle d'une sucrerie. Le 1,000 kilogr. de betteraves, rendu à la fabrique, coûte de 14 à 16 fr. Un hectare rapporte de 35 à 50,000 kilogrammes de betteraves.

Lorsqu'une fabrique de sucre prospère, le prix locatif et vénal des terres ne tarde pas à s'élever, surtout si la contrée où la betterave peut être cultivée avec bénéfice est peu étendue.

Les frais de transport pour amener ces racines d'un lieu éloigné sont assez considérables, ce qui laisse une valeur supérieure aux terres voisines de l'établissement; mais si la fabrique ne devait pas subsister longtemps, la baisse des fermages serait la suite de la destruction de cet établissement; cependant il convient d'observer que lorsqu'une culture productive est établie dans un pays, elle peut s'y maintenir, quoiqu'à un moindre degré de prospérité, malgré la destruction des causes auxquelles elle a dû sa naissance, parce que l'on finit par trouver un autre emploi pour une partie des produits agricoles et que l'on obtient une amélioration dans les procédés de la culture du canton.

En général, le taux du fermage des bâtiments des fabriques et des manufactures tend continuellement à décroître.

SECTION VII.

Des fabriques de faïence et de poteries.

Une faïencerie ou fabrique de poterie rend souvent des bénéfices considérables ; mais elle cesse d'être utile si elle n'est pas habilement exploitée. Ainsi, la quotité du fermage est subordonnée à la capacité du fermier, et la difficulté d'en trouver un qui réunisse les qualités nécessaires est plus grande pour une usine de cette espèce que pour un moulin ou même pour une forge.

Si la fabrique est en pleine activité, l'estimateur distinguera soigneusement les trois éléments constitutifs du revenu : 1⁰ les intérêts du capital d'exploitation ; 2⁰ la rétribution de l'entrepreneur ; 3⁰ le fermage de l'établissement.

Si cette fabrique est affermée, on pourrait croire qu'il suffit de prendre pour base le fermage actuel, sauf à reconnaître s'il est trop faible ou trop élevé ; mais on ne doit pas le faire dans le cas où le haut prix du fermage n'est dû qu'à l'habileté de l'exploitant, ni dans le cas opposé.

La difficulté la plus sérieuse se rencontre lorsque le propriétaire fait valoir lui-même la fabrique et qu'il n'y a pas de baux antérieurs.

Si l'on appuyait l'estimation sur le prix des constructions, la base serait presque toujours fautive; car l'expérience démontre qu'il est peu de fabriques qui rendent l'intérêt de leurs frais de construction; il suffit souvent à un spéculateur d'être assuré de retirer le salaire de son travail et l'intérêt de son capital circulant pour qu'il cède à l'attrait de bâtir, surtout lorsqu'il ne peut employer autrement son industrie et ses capitaux.

Par exemple, il évalue la rétribution de son travail industriel à 4,000fr. par an; mais il faut, pour atteindre son but, bâtir une usine ou fabrique qui coûtera 40,000 fr., et qui ne se louerait que 1,000 fr.; il sacrifiera 1,000 fr. d'intérêts du capital fixe pour avoir lieu d'exercer une industrie lucrative et de placer un capital circulant au taux ordinaire du commerce.

Toutefois l'estimateur ne doit jamais négliger la recherche du prix du fermage; il l'obtient approximativement par des comparaisons entre des bâtiments et fabriques de la même espèce qui sont affermés, mais il faut avoir égard aux différences de position, de frais de transport, à la qualité et au prix des matières premières, à la nature, à la qualité, à la réputation des produits, toutes choses difficiles à apprécier.

Nous ferons remarquer que les faïenceries et les verreries qui emploient du bois pour combustible se trouveront à l'avenir dans une situation défavorable relativement aux fabriques qui consomment de la houille, car, le prix du bois ayant une tendance à augmenter, l'équilibre entre les profits des divers producteurs ne pourra se maintenir. Les fabriques qui sont situées à une trop grande distance des houillères subiront une dépréciation de leur valeur actuelle; mais comme la perte ne se fera sentir qu'à une époque peut-être fort éloignée, l'estimation ne doit être diminuée que dans une proportion calculée d'après les probabilités de prospérité et de durée des établissements dont il s'agit de déterminer la valeur.

———

24.

SECTION VIII.

Des tuileries et briqueteries.

La construction d'une fabrique de tuiles ou de briques est utile, sous deux rapports, à un propriétaire de bois ou de mines de houille : il tire un revenu de cet établissement ; il donne de la valeur à son combustible, surtout s'il était sans emploi utile.

Supposons une tuilerie dont la construction coûte 10,000 fr. et que le propriétaire peut louer 400 fr., déduction faite des impôts et frais d'entretien et de réparations.

Au premier aspect, elle paraît valoir 8,000 fr. en capitalisant le revenu au denier 20.

Mais cette estimation pourrait se trouver trop faible ou peut-être trop élevée suivant les circonstances.

Si cette tuilerie procure au propriétaire une addition de revenu sur ses bois en ouvrant un débouché pour le même taillis des coupes, elle vaut pour lui beaucoup plus de 8,000 fr., ou bien ses bois doivent être évalués plus cher que si cette tuilerie n'existait pas. Mais si, par l'effet d'un partage ou par toute autre cause elle se trouve séparée de la forêt qui fournissait le bois nécessaire à sa consommation, si le propriétaire de cette fabrique perd d'un autre côté le droit de prendre de la terre à perpétuité dans un terrain pour la fabrication de la tuile, cet établissement finit par perdre beaucoup de son importance, et il n'est pas rare de voir une tuilerie réduite à la simple valeur des matériaux de démolition.

Elle peut tirer un grand prix du voisinage d'une espèce de terre qui sert à fabriquer des marchandises d'une qualité particulière, par exemple des briques qui résistent à l'action de la plus forte chaleur ou des tuiles à l'épreuve du temps; mais si elle n'a pas la possession exclusive de cette terre, un nouvel établissement rival peut enlever ce monopole.

Autre circonstance : un haut-fourneau est construit dans le voisinage d'une tuilerie; le prix du combustible augmente d'un quart dans la localité; la tuilerie ne rend plus les profits ordinaires; elle ne peut, à raison de la concurrence avec d'autres établissements semblables, augmenter le prix de ses produits; le prix du fermage des bâtiments diminue.

Ainsi, pour évaluer le loyer d'une tuilerie ou briqueterie, il est indispensable de la considérer, 1⁰ relativement à la qualité de ses produits ; 2⁰ relativement à leur prix de revient, à l'étendue et à l'éloignement des débouchés ; 3⁰ enfin d'avoir égard à toutes les perturbations qui peuvent influer sur le prix des matières premières et des marchandises fabriquées.

Quant à la fixation du capital, on ne doit adopter le taux de 5 p. 100· du revenu net que lorsqu'on s'est assuré qu'il existe dans le voisinage une assez grande quantité de bonne terre pour fournir au moins pendant un siècle à la consommation, et que l'on trouvera de même dans le voisinage du combustible à un prix moyen.

Si la tuilerie que l'on veut estimer et les autres tuileries ne sont point affermées, on fait un compte de recettes et de dépenses dans lequel doivent entrer : 1⁰ l'intérêt de la valeur locative ; 2⁰ la rente du sol où elles existent et de celui d'où l'on tire la terre à poterie ; 3⁰ les dépenses de fabrication, y compris les frais de transport de la terre, du combustible et des marchandises ; 4⁰ le salaire de l'entrepreneur

et de ses ouvriers; 5° les profits du capital employé dans l'entreprise.

Les Anglais, en appliquant de grands capitaux
et des machines à la fabrication de la tuile et de
la brique, ont obtenu une diminution considérable sur le prix de revient. Il est probable que
ces améliorations seront introduites en France,
où elles se développeront au point que les constructions actuelles devront être remplacées par
des bâtiments mieux appropriés à la manutention et à la cuisson des terres, c'est une cause
d'une dépréciation prochaine de la valeur des
anciennes fabriques.

CHAPITRE VIII.

DES IMPÔTS, SERVITUDES, USUFRUIT, USAGE, EXPROPRIATIONS, CAS FORTUITS.

SECTION Iʳᵉ.

De la contribution foncière.

Pour asseoir la contribution foncière, **on** évalue les revenus réels et calculés sur un nombre d'années déterminé. Les agents de l'administration établissent ces revenus d'après les baux ou d'après le fermage présumé. Ils prennent les fonds de terre dans l'état où ils se trouvent. Si un terrain demeure en pré ou en pâture, tandis qu'il pourrait être avantageusement converti en terre à blé ou à chanvre, ils n'ont point à s'occuper de la perte qui en résulte ou du gain que la conversion procurerait au propriétaire ou au fermier. La loi s'en rapporte là-dessus à leur intérêt particulier.

Cependant il se présente quelquefois une exception à cette règle générale : c'est lorsqu'un champ reste en friche au milieu de terres d'égale qualité qui sont cultivées ; c'est lorsqu'un propriétaire ne replante pas une vigne située au milieu d'un riche vignoble ou qu'il la laisse dépérir sans lui donner aucun des soins ordinaires. En général, les agents des contributions directes doivent prendre pour terme de comparaison les cultures usitées dans la contrée.

L'impôt porte en grande partie sur le produit du capital fixé sur un fonds de terre. Supposons une plaine mal cultivée et une autre plaine semblable dans laquelle est bâtie une grande ferme, et que l'on a cultivée par de bons procédés agricoles. La nature du sol est la même, cependant la quotité de l'impôt est bien différente.

Supposons que l'on convertisse une terre labourable ou un pré en jardin potager ou en vigne, l'impôt sera doublé après un certain nombre d'années ; mais il est évident que l'accroissement du revenu n'est dû qu'à l'émission d'un capital beaucoup plus considérable que ne l'exigeait une terre labourable.

Cependant les lois d'après lesquelles se règle

l'assiette de l'impôt sont dans leur ensemble assez favorables à l'industrie. Les usines et fabriques nouvellement construites ne sont imposées d'après leur revenu qu'au bout de deux ans; la cotisation des marais et des terres défrichées ne peut être augmentée avant un nombre d'années déterminé; une faveur du même genre est étendue aux plantations de bois, de vignes, de mûriers et arbres fruitiers.

La répartition de l'impôt est réglée par des dispositions administratives dont le caractère essentiel est la précision et l'uniformité. Cette dernière condition est nécessaire, autrement l'impôt pourrait être assis sur certaines bases dans une contrée et sur d'autres bases ailleurs. L'expérience a appris qu'en général ces règles sont assez équitables. Si dans quelques circonstances elles sont incomplètes, les préposés de l'administration y suppléent en recherchant soigneusement l'esprit dans lequel ces règles ont été établies. Nous citerons les principales :

« La contribution foncière est proportion-« nelle au revenu net imposable.

« Le revenu net des terres est ce qui reste au « propriétaire, déduction faite sur le produit

« brut des frais de culture, semence, récolte et
« entretien. »

On aurait pu ajouter : *déduction faite des bénéfices du fermier;* mais c'est ainsi qu'on l'entend
dans l'application ; car le revenu net ou le prix
de fermage, lorsqu'il est porté à son véritable
taux, sont considérés comme identiques.

Le revenu net est calculé sur un nombre
d'années déterminé. En effet, cette base est
d'une telle importance, que l'on ne devait à cet
égard rien laisser à l'arbitraire.

Pour estimer le revenu des maisons, fabriques, forges, moulins et autres usines, on calcule leur valeur locative sur dix années, en
déduisant de cette valeur locative annuelle la
somme nécessaire pour indemniser le propriétaire du dépérissement et des frais d'entretien
et de réparations. La réduction sur le produit
brut est d'un quart pour les maisons et d'un
tiers pour les usines.

Une partie du montant de cette réduction est
une espèce de fonds d'amortissement dont l'accumulation doit subvenir aux frais de la reconstruction future, partielle ou entière. Les bâtiments d'exploitation rurale, tels que les granges,

écuries, pressoirs, ainsi que les cours, ne sont soumis à l'impôt foncier qu'à raison du terrain qu'ils occupent, évalué sur le pied des meilleures terres labourables.

Pour évaluer le revenu net des terres culti- vées ou susceptibles de l'être, on s'en tient aux cultures et à l'assolement généralement usités dans la commune, et en formant l'année com- mune sur quinze années antérieures, moins les deux plus fortes et les deux plus faibles.

Les jardins sont évalués de la même manière ; mais la plus faible estimation de leur revenu est fixée au taux des meilleures terres labourables de la commune.

Le jardin cultivé par un jardinier de profes- sion est susceptible d'une plus forte évaluation que celui du laboureur ou du journalier.

La véritable raison de cette différence est que le premier a reçu plus de travail et de capital que le second.

Le revenu imposable des jardins d'agrément, pièces d'eau, avenues, est porté au taux de celui des meilleures terres labourables de la commune.

Les terrains enclos sont estimés comme si les clôtures n'existaient pas.

Pour les vignes, on forme la moyenne du revenu sur le produit de quinze années, comme pour les terres ; mais, outre la déduction des frais de culture, engrais, on retranche encore du revenu net un quinzième pour le dépérissement annuel et pour les frais de replantation. Le reste forme le revenu net imposable.

On fait entrer en compte le nombre d'années pendant lesquelles la vigne est sans rapport en attendant la replantation.

Pour les prés, on prend quinze années et on déduit du produit total les frais d'entretien et de récolte, ce qui comprend la dépense pour les engrais, amendements et irrigations.

Les prairies artificielles sont évaluées comme les terres labourables d'égale qualité.

Les marais, pâtis, pâtures, terrains vains et vagues, sont évalués d'après le produit présumé que le propriétaire pourrait en obtenir, soit en faisant consommer l'herbe, soit en louant ces fonds à un fermier auquel il ne fournirait ni bestiaux ni bâtiments.

En sorte que, si le propriétaire fournissait le cheptel et le logement, on devrait pour ces derniers objets faire une réduction sur le prix du fermage total.

Les terres, prés, vignes, sur lesquels se trouvent des arbres forestiers, soit épars, soit en bordure, sont évalués comme si ces arbres n'existaient pas. Ce n'est pas une grande faveur pour le propriétaire, car son terrain est imposé à un taux à peu près aussi élevé que si l'on avait égard au produit de ces arbres et au dommage qu'ils portent aux récoltes.

Mais si ce sont des arbres fruitiers, les instructions prescrivent d'ajouter à la valeur donnée à la terre, à raison de sa culture dominante, la plus-value résultant du produit des arbres.

Les vergers sont évalués d'après le produit du sol cultivé ou couvert d'herbes, en y ajoutant le produit des arbres plantés.

Les plants de châtaigniers, oliviers, mûriers, saules, aunes, osiers, sont évalués d'après la culture dominante, en y ajoutant le produit des cultures accessoires.

Comme on doit avoir égard à la durée de la plantation, il faut aussi calculer la durée de la non production du sol.

Les cultures de riz, maïs, houblon, chanvre, tabac, pommes de terre et autres plantes qui n'entrent pas dans l'ancien assolement, sont évaluées séparément lorsqu'elles sont permanentes, autrement elles demeurent dans la classe des terres labourables.

L'évaluation des bois taillis en coupes réglées se fait d'après le prix moyen des coupes annuelles, sous la déduction des frais de garde, d'entretien et de repeuplement.

Rien de plus juste, en effet; mais il ne faut pas considérer comme un revenu le produit des coupes extraordinaires; par exemple, un bois était aménagé à trente ans, le propriétaire juge à propos de faire deux coupes par an; ce n'est point là un revenu durable; on doit calculer la période de l'aménagement sur une moyenne prise dans tous les bois de la contrée.

L'évaluation des bois taillis qui ne sont pas en coupe réglée est faite d'après leur comparaison avec les autres bois du voisinage, c'est-à-dire comme s'ils étaient en coupes réglées.

Tous les bois au-dessous de l'âge de trente ans sont réputés taillis.

Le revenu des bois de haute futaie est évalué

comme s'ils étaient en taillis. Cependant il y a une exception pour les hautes futaies de sapins, pins, châtaigniers. Ces bois sont estimés d'après leur produit réel.

Les futaies sur taillis ne donnent lieu à aucun excédant d'évaluation. L'emplacement qu'elles occupent est évalué comme si ces arbres n'étaient pas plus gros que des brins de taillis.

Les pépinières sont évaluées comme des terres labourables de première classe.

Les tourbières ne sont évaluées qu'à raison de leur superficie et sur le pied des terrains environnants : en sorte que l'extraction n'est point imposée.

Les étangs sont estimés d'après les produits de quinze années provenant soit de la pêche, soit de la culture, soit de la récolte de l'herbe, sous la déduction des frais d'entretien des vannes et chaussées, de repeuplement, pêche, culture, récolte.

Les carrières et mines ne sont évaluées qu'à raison de la superficie des terrains qu'elles occupent et sur le pied des terres environnantes.

Les canaux de navigation et leurs francs-bords, les canaux non navigables destinés à conduire les eaux à des usines ou à les détourner pour l'irrigation, ne sont évalués qu'à raison de leur superficie et sur le pied des meilleures terres labourables. Les maisons, usines, plantations dépendant des canaux sont évaluées comme les autres biens de même nature.

Les ponts appartenant à des particuliers ou à des compagnies ne sont évalués qu'à raison du terrain qu'occupent les deux culées et sur le pied des meilleures terres labourables.

Le classement des fonds soumis aux mêmes cultures dans une même commune ne présente guère de difficultés sérieuses ; mais lorsqu'il s'agit de mettre en parallèle des fonds de différente nature, l'arbitraire peut prendre la place de la justice si l'on n'a soin de peser toutes les circonstances qui influent sur la valeur locative des immeubles, circonstances dont l'étude est l'objet de cet ouvrage.

Il nous reste à examiner l'influence que doit exercer l'inégalité dans la répartition de l'impôt, sur l'estimation de la valeur vénale des immeubles.

L'impôt foncier étant au revenu dans le rapport d'un à six, terme moyen ; une inégalité d'un 6ᵉ dans la répartition de l'impôt affecte d'un 56ᵉ le revenu.

De semblables inégalités sont très fréquentes, mais les disproportions les plus frappantes tendent à disparaître à la longue.

On dit communément que l'impôt foncier ne porte pas sur le nouveau propriétaire qui calcule son prix d'acquisition sur le revenu net, déduction faite de toutes charges; cela est vrai jusqu'à un certain point; mais l'impôt porte sur la propriété même dans ce sens qu'il reste moins de revenus accumulés et capitalisés pour les améliorations; et si cet impôt est trop élevé, le capital fixe est altéré; la décadence de la valeur matérielle de la propriété est la suite de cette surcharge.

Ainsi on n'est pas assuré d'avoir l'estimation exacte du revenu net d'un domaine, lorsqu'on a simplement déduit l'impôt foncier d'après son assiette actuelle; il faut encore s'assurer si cet impôt est excessif et par conséquent susceptible de réduction, ou s'il est au contraire beaucoup au-dessous de la moyenne; dans l'un et l'autre cas, on augmente ou l'on diminue l'appréciation de cette charge en se rapprochant du taux de l'assiette actuelle d'après les probabilités de sa durée, ainsi il faut distinguer le taux vrai du taux réel.

Nous ne dirons qu'un mot des impôts indirects qui portent principalement sur les produits vinicoles. On a cherché à démontrer que ces impôts tombent sur le consommateur, mais il est évident qu'ils tombent aussi sur le producteur, car ils ont pour effet nécessaire de restreindre la consommation des denrées imposées. Il en résulte donc une diminution dans la production, et par conséquent dans la valeur locative et vénale des terrains dans lesquels on cultive ces produits. Il est évident que si ces impôts devenaient excessifs, la valeur du sol descendrait jusqu'au point où elle serait égale seulement à la valeur des sols de même nature, cultivés en blé ou autres denrées non imposées, si toutefois ces terrains ne demeuraient pas en friche.

———

SECTION II.

Des servitudes.

On doit faire la plus grande attention aux servitudes dont les propriétés sont grevées.

Les vues sur les maisons sont un grand désavantage pour le fonds asservi et même quelquefois pour le fonds dominant.

Les terrains dans lesquels s'exercent des servitudes de passage seront évalués d'après la diminution réelle et la diminution possible de revenu qui résulte de cette charge. La diminution réelle de valeur se constate en comparant le fermage des fonds libres, de même qualité, avec le fermage des fonds asservis. La diminution possible consiste dans la privation d'avantages que l'on pourrait se procurer par la clôture ou par l'irrigation. Il est certain qu'un terrain qui d'ailleurs conviendrait pour y faire un jardin, pour y planter un verger, ne peut plus recevoir cette destination, s'il est asservi à un droit de passage.

Une perte considérable peut aussi résulter de

la privation du droit d'irrigation ; car une prairie arrosée produit quelquefois quatre fois autant qu'une prairie qui est privée de cet avantage, surtout dans les sables granitiques ou calcaires.

Si le droit de prise d'eau ôte au propriétaire la possibilité de construire une usine, c'est une défaveur dont l'appréciation ne doit pas être négligée.

Par un motif opposé, l'héritage au profit duquel est constituée une servitude de passage ou de prise d'eau doit être plus chèrement évalué que si cette servitude n'existait pas ; car le propriétaire de l'autre héritage le rachèterait toujours pour un prix quelconque ; mais il y a deux cas à examiner :

Le premier est celui où la servitude active donne lieu à un avantage réel et actuel, distinct du simple revenu des fonds.

Le second cas est celui où il s'agit d'un avantage possible ou éventuel. On doit alors se défendre d'exagération dans les calculs hypothétiques auxquels on croit devoir se livrer.

En définitive, les servitudes actives et passives sont appréciées, en raison de la différence de la valeur des fonds, dans la double hypothèse de l'existence et de la non-existence de ces servitudes.

SECTION III.

De l'usufruit.

Dans l'estimation d'une propriété chargée d'un usufruit, on distinguera deux valeurs différentes : 1° celle de la nue-propriété; 2° celle de l'usufruit. On procèdera d'abord à l'estimation comme si l'usufruit n'existait pas, ensuite on subdivisera la valeur totale.

La durée probable de l'usufruit est le principal élément de cette dernière appréciation. On s'enquiert de l'âge de l'usufruitier, et comme dans des cas semblables on ne peut procéder que par des règles générales, le calcul se fait d'après les tables de mortalité.

Soit un domaine rural produisant 2,000 fr. de revenu, tous impôts déduits. Sa valeur vénale calculée à raison de 3 p. 100 serait de

66,667 fr., si l'acquéreur pouvait en jouir immédiatement ; mais une personne âgée de 40 ans
en possède l'usufruit. Quelle est la valeur de la
nue-propriété ? Quelle sera la durée probable de
cet usufruit ?

On voit par les tables de M. Davillard, qu'un
homme de 40 ans vivra probablement jusqu'à
l'âge de 63 ans. L'acquéreur sera donc privé
pendant 23 ans de la jouissance de sa propriété,
c'est-à-dire de 2,000 fr. par an ; mais ces sommes
doivent être ramenées à une valeur actuelle et
totale, ce qui sera l'objet du calcul suivant dans
lequel l'intérêt est pris à 5 p. 100.

2,000 fr. à recevoir dans 1 an équivalent à	1,941
2,000	2 ans	1,885
2,000	3	1,830
2,000	4	1,777
2,000	5	1,725
2,000	6	1,675
2,000	7	1,626
2,000	8	1,579
2,000	9	1,533

A reporter. . . 15,571

Report. . . 15,571

2,000 fr. à recevoir dans 10 ans équivalent à		1,488
2,000	11	1,445
2,000	12	1,403
2,000	13	1,362
2,000	14	1,322
2,000	15	1,284
2,000	16	1,246
2,000	17	·1,210
2,000	18	1,175
2,000	19	1,140
2,000	20	1,107
2,000	21	1,075
2,000	22	1,044
2,000	23	1,015

32,887

L'usufruit vaut donc 32,887 fr., et comme la valeur totale de l'immeuble est de 66,667 fr., la valeur de la nue-propriété est de 33,780 fr.

On peut obtenir l'expression de cette dernière somme d'une manière plus simple. En effet, il est évident que la valeur actuelle de la nue-propriété est égale à une somme qui, placée à intérêts composés pendant 23 ans, produirait une somme cumulée de 66,667 fr., valeur totale de l'immeuble au taux de 3 p. 100. Or cette somme cherchée s'élève à 33,780 fr.

Dans l'estimation du revenu, il faut mettre à la charge de la nue-propriété les grosses réparations, et à la charge de celui qui a la jouissance de l'immeuble toutes les réparations qualifiées usufruitières par la loi ou par la coutume des lieux, ou par les conventions des parties intéressées.

Nous remarquerons encore qu'un domaine ou une maison dont l'acquéreur ne peut jouir avant une époque indéterminée et souvent éloignée, trouve moins d'acquéreurs que les fonds dont l'entrée en jouissance est prochaine ou à terme fixe.

SECTION IV.

Des droits d'usage.

Les droits d'usage appartiennent soit à des communautés d'habitants qui ne peuvent les aliéner, soit à des particuliers comme propriétaires de biens fonciers ; ce sont des droits réels qui ne peuvent se transmettre qu'avec le fonds dominant.

Les droits de pâturage et de glandée dans les bois sont en général rachetables par le propriétaire du fonds asservi. Il peut dans certains cas convertir les autres droits d'usage en cantonnement.

Il peut, par la clôture de son héritage, s'affranchir du droit de vaine pâture, si ce droit n'a pas été concédé à titre onéreux.

Il est des espèces de droits d'usage qui se confondent tellement avec le droit de propriété, qu'ils donnent lieu à l'action en licitation si l'immeuble ne peut être partagé sans détérioration. Tel est le droit appartenant à des particuliers ou à une communauté d'habitants, de cultiver un étang appartenant à autrui, lorsque cet étang n'est pas couvert d'eau.

Dans l'estimation des droits d'usage, on est obligé de distraire une valeur morte, une valeur annulée, tant pour le propriétaire que pour l'usager ; car l'exercice du droit ne rapporte ordinairement que peu de chose à ce dernier, tandis qu'il dérange quelquefois les combinaisons d'assolements, et entrave toute espèce d'améliorations, quelle que soit la culture à laquelle l'héritage puisse être soumis. Par exemple, telle propriété qui ne rapporte pour le propriétaire et les usagers que 4,000 fr. de revenu, en rapporterait 5,000, si elle était affranchie.

Les droits d'usage les plus communs sont ceux qui se rapportent à la vive ou à la vaine pâture.

Le droit de faire paître des bestiaux dans une prairie après la récolte, est assez commun. Pour parvenir à l'évaluer, on peut chercher quelle serait la valeur du regain, et la prendre pour terme de comparaison. La moyenne de la valeur annuelle d'un tel pâturage n'excédera guère 15 fr. par hectare.

Le pâturage dans les bois est bien moins productif. Si le sol est une plaine humide, on peut le comparer avec celui d'un pré qui serait de même qualité. Si le revenu annuel de ce pré est de 100 fr. par hectare, le revenu du sol forestier serait le même en supposant qu'il fût déboisé et qu'il pût être arrosé ; mais dans un bois il n'y a guère que la dixième partie de l'étendue du sol qui puisse produire de l'herbe ; elle est ordinairement deux fois moins abondante sur un espace égal qu'elle ne le serait dans un pré ; l'estimation se réduit donc au vingtième du produit d'un pré ou à 5 fr. par hectare, mais l'herbe d'un bois est beaucoup moins savoureuse que celle d'un pré ; on peut sous ce rapport faire encore une réduction d'un tiers. Le pâturage ne vaut donc que 3 fr. 33 c. par hectare. Cette évaluation ne s'applique qu'aux espaces couverts de taillis défensables. L'herbe aurait plus de valeur dans les clairières et dans les jeunes taillis, surtout dans ceux qui n'ont qu'un ou deux ans.

Mais il est rare de trouver des bois situés dans des terrains égaux en qualité à des prairies. Le plus ordinairement le sol ne formerait qu'une mauvaise pâture s'il était dénudé. On procède alors par analogie comme nous venons de l'indiquer.

Le droit de ramasser du bois sec a peu de valeur pour les usagers ; car ce bois ne vaut ordinairement que la peine de le ramasser et de l'enlever. Il faut d'une part l'évaluer lorsqu'il est mis à la portée des consommateurs et estimer d'un autre côté le travail et les frais qui sont à leur charge, enfin déduire la dernière somme de la première. Le droit de prendre dans les forêts du bois de charronnage et du bois de construction s'évalue assez facilement ; on attribue à l'usager, à titre de cantonnement, une étendue de terrain qui puisse produire un revenu net égal à celui de l'usage ; mais comme on convertit un droit d'usage en propriété, il faut comparer l'éventualité de la diminution progressive de la valeur des droits d'usage avec l'accroissement de valeur que la propriété peut acquérir.

On devra remarquer encore que si un droit d'usage pouvait faire l'objet d'une vente, sa valeur vénale ne dépasserait pas dix-huit à vingt fois le revenu annuel, tandis qu'un fonds de terre se vend sur le pied de trente fois le revenu.

L'estimation d'une propriété foncière soumise à un droit d'usage sera faite d'abord comme si ce droit n'existait pas ; ensuite on suppose qu'un cantonnement soit opéré ; on en évalue la quotité à un taux équitable et on en fait la déduction sur la valeur totale. Ce n'est pas tout, une action en cantonnement donne souvent lieu à des discussions litigieuses dont la solution entraîne de grands frais. Il y a toujours quelque incertitude tant que les décisions que l'on attend des juges ou des arbitres ne sont pas rendues. On devra donc, outre la réduction résultant de l'évaluation du cantonnement, en faire une autre pour les frais de justice et tous les cas éventuels.

Par exemple, si la propriété grevée est évaluée 150,000 fr. en la supposant libre et que la valeur présumée du cantonnement soit de 15,000 fr. en capital, la valeur nette de la propriété dans cette hypothèse reste pour 135,000 fr. On pourra la porter à 130,000 fr.

La plupart des concessions qui accordent aux usagers le droit de prendre des bois de chauffage et de construction remontent à des époques où les forêts étaient peuplées de hautes futaies qui produisaient un volume de bois considérable, et où la population, dans les environs de ces forêts, était peu nombreuse, tandis qu'aujourd'hui l'exercice de ces droits d'usage absorberait souvent la totalité du produit des forêts qui y sont soumises si l'on accordait aux usagers tout le bois qu'ils peuvent consommer. Mais, comme la condition du propriétaire ne doit pas être plus défavorable que celle de l'usager, la valeur totale du cantonnement ne dépasse pas ordinairement la moitié de la valeur totale de la forèt.

Nous avons peu de chose à dire sur le droit de vaine pâture dans les terres non closes ; ce n'est ordinairement qu'après la récolte que ce droit peut s'exercer ; il est très peu productif, car le salaire du gardien des troupeaux absorbe une grande partie de la valeur du pâturage ; il suffit de deux ou trois jours de parcours dans un chaume pour consommer les herbes qui y croissent.

SECTION V.

Des expropriations pour cause d'utilité publique.

En procédant à l'estimation des biens soumis à l'expropriation pour cause d'utilité publique, on pèsera les considérations suivantes :

1º On doit supposer que le propriétaire dépossédé replacera le prix qu'il recevra en acquisitions d'autres immeubles s'il en trouve à sa portée et à sa convenance. Il est donc juste de l'indemniser pour les peines que lui occasionnera la recherche d'une nouvelle acquisition et pour les risques qu'il court ; l'indemnité doit même comprendre une somme égale au montant des frais d'acte et d'enregistrement de cette nouvelle acquisition.

2º L'étendue des terres cultivées dans le territoire devenant moins considérable, et le nombre ordinaire des acheteurs étant augmenté, il s'opère un renchérissement de la propriété foncière, ce qui est un motif pour évaluer à un **taux** plus élevé les terrains qui sont soumis à l'expropriation.

3º Il est vrai qu'un canal, une nouvelle route, enrichissent une contrée et élèvent le prix des propriétés rurales ; mais cette richesse à venir, quelque prochaine qu'elle puisse être, ne sert à rien à celui qui est privé de sa propriété tout entière ; la somme qu'il a reçue pour le prix se déprécie à la longue, à moins qu'il ne rachète un autre fonds de terre. On ne doit donc avoir égard à l'accroissement futur de valeur que pour lui donner une indemnité plus élevée.

4º Si l'on évalue sur cette base le sol de celui à qui l'on enlève la totalité ou la très majeure partie de son héritage, on ne peut pas en prendre une autre pour les fonds du propriétaire plus riche dont les terres doivent être améliorées par la route ou par le nouveau canal ; ce serait introduire un droit nouveau en faveur du gouvernement ou un nouvel impôt ; les propriétaires des terrains qui ne sont pas pris pour l'ouverture de la nouvelle voie et qui sont situés dans le voisinage profitent de l'établissement sans souffrir aucune perte ; les terrains qui font l'objet de l'expropriation ne doivent pas être dans une position moins favorable sous le rapport de la valeur estimative.

5° Lorsque les communications sont rompues, il y a lieu à une indemnité en faveur de celui qui ne peut plus exploiter son fonds avec la même facilité. Mais si on lui procure une autre issue, il ne s'agit que d'évaluer la différence qui en résultera sur les frais d'exploitation.

6° Lorsque les clôtures sont coupées, lorsqu'un enclos est morcelé, la propriété a perdu une partie de sa valeur. Si l'on retranche sur l'étendue des dépendances d'une maison de campagne, par exemple, en s'emparant d'une partie des cours ou des jardins, la valeur de la maison en est bien diminuée et quelquefois même réduite à celle du sol restant et des matériaux ; ainsi il ne suffit pas d'estimer la valeur du terrain dont on s'empare, mais il est juste d'estimer la moins-value qu'éprouve la maison.

7° Si l'on s'empare de tous les prés d'une ferme, la valeur des terres et celle des bâtiments d'exploitation en est dépréciée; car une partie de ces bâtiments devient inutile et le fermage des terres doit baisser jusqu'à l'époque où les fermiers auront réparé la perte des prés.

8° La filtration des eaux provenant des canaux élevés au-dessus du niveau du sol, occasionne souvent de grands dégâts dans les propriétés riveraines. Quelquefois il est impossible d'y remédier, et alors on évalue la détérioration du sol ; mais si l'on peut prévenir les dommages ou bien s'ils ne sont que passagers, il ne s'agit que d'une indemnité temporaire.

9° Lorsqu'un propriétaire est privé des eaux qui servaient à l'irrigation de ses prés, il y a lieu d'estimer en sa faveur la détérioration qui en résulte sur sa propriété.

Si dans les estimations qui sont faites pour les cas d'expropriation on combinait soigneusement les divers éléments que nous venons d'indiquer, les difficultés qui s'élèvent sur la fixation des indemnités seraient équitablement résolues ou même prévenues par l'assentiment mutuel des parties intéressées.

Les questions les plus difficiles concernant cette matière sont celles qui s'appliquent aux cours d'eau. Ce que nous allons dire des moulins peut s'étendre aux forges, manufactures et fabriques en général.

On prend pour un canal une grande partie de l'eau qui faisait mouvoir un moulin. Quelle est la quotité de l'indemnité due au propriétaire de cette usine ?

Supposons que ce moulin ait pu être loué avant l'époque de l'établissement du canal à raison de 2,000 fr. net par an, et qu'on dût l'estimer 40,000 fr. en capital ;

Supposons encore que par l'effet de la nouvelle prise d'eau la durée du roulement du moulin soit réduite à cinq mois par an au lieu de 10 mois de roulement continu qu'il avait auparavant ;

En conclurait-on que le fermage doit diminuer exactement dans la même proportion, c'est-à-dire qu'il doit être réduit à 1,000 fr. par an ?

Pour résoudre cette question de réduction, il faut d'abord se rappeler que le fermage est la portion du produit brut qui reste au fermier lorsqu'il est remboursé de toutes ses dépenses, salaires d'ouvriers, intérêts du capital circulant, et lorsqu'il a prélevé une rétribution pour son travail.

Mais lorsque l'usine perd la moitié de son activité, il n'en faut pas moins entretenir des constructions dont une partie est devenue inutile, faire les mêmes réparations, continuer la même dépense de ménage et entretenir des domestiques dans les temps d'inaction et de chômage. Il y a une perte sur la nourriture des chevaux, sur l'entretien des voitures ; les dépenses, que l'on nomme *frais généraux* dans le langage industriel, sont presque aussi considérables pour une exploitation affaible que pour un roulement continu.

Supposons que la valeur locative de l'usine, déduction faite des impôts et des réparations, dût être réduite à 800 fr. après la prise d'eau, la valeur en capital ne sera plus que de 16,000 fr.;

l'indemnité due au propriétaire devra s'élever par conséquent à la somme de 24,000 fr.

Mais si l'usine était affermée à raison de 2,000 fr. par an pour un bail dont la durée serait encore de 5 ans, par exemple, le fermier devra être indemnisé à l'époque de l'expropriation.

Pour fixer cette dernière indemnité on pourra se livrer à des recherches sur la quantité de farine fabriquée, sur les frais que la mouture exige, sur les bénéfices qu'elle procure, mais ce ne sont souvent que des possibilités qui ne se réalisent pas. On pourra faire les mêmes calculs s'il s'agit d'une forge, d'une fabrique, d'une tannerie, etc.

Pour avoir une base fixe, on cherche à s'assurer si la valeur locative de 2,000 fr. était ou non à son véritable taux, afin de l'y ramener, s'il y a lieu.

Supposons que ce taux de 2,000 fr. soit exact et que le meunier puisse faire annuellement un bénéfice de 1,500 fr., après avoir acquitté toutes les dépenses et prélevé l'intérêt de son capital. Supposons qu'après l'expropriation, son bénéfice soit réduit à 700 fr. par an, il est évident qu'il doit recevoir une indemnité de 800 fr. par an pour chacune des années de son bail qui restent à courir.

Des circonstances peuvent modifier la fixation de cette indemnité temporaire. Si le meunier est un père de famille qui emploie le travail de trois de ses enfants à la manutention du moulin, et qu'après l'expropriation le travail d'un seul de ces ouvriers suffise, il sera obligé de chercher ailleurs d'autres occupations pour deux de ses enfants, à moins qu'il ne préfère les laisser demeurer chez lui sans qu'ils puissent travailler utilement. Ainsi, dans certains cas, il serait rigoureux de s'en tenir à une estimation précise faite dans la supposition que le fermier congédiera tous les ouvriers inutiles.

Si le propriétaire de l'usine la fait valoir lui-même, l'indemnité doit être évaluée sous un double aspect. Il faut distinguer soigneusement l'indemnité qui lui revient comme propriétaire de celle à laquelle il a droit comme exploitant; celle-ci sera évaluée comme on le ferait pour un fermier, en réduisant la durée du bail fictif au temps nécessaire pour que le propriétaire dépossédé puisse trouver une autre occupation du même genre, par exemple à 5 ou 6 ans, en ayant égard aux frais de déplacement ; cette dernière considération ne peut s'appliquer au simple fermier, puisqu'il est soumis à une chance de déplacement à chaque renouvellement de bail.

Il résulte de tout ce qui précède qu'il faut toujours distinguer l'indemnité foncière de l'indemnité temporaire. Cette dernière s'applique aux pertes éprouvées dans l'exploitation, que cette exploitation soit faite par le propriétaire ou le fermier.

L'indemnité foncière est celle qui est accordée pour la diminution du fermage. Mais lorsqu'un propriétaire qui cultive son propre champ est exproprié, on le prive d'une occupation qu'il ne retrouvera pas facilement ; c'est un motif de porter pour lui l'estimation au maximum de la valeur de sa propriété.

SECTION VI.

Des cas fortuits et des assurances.

Dans les estimations des maisons, on fait entrer en compte la possibilité des incendies. La mesure de la réduction à faire sur la valeur locative de l'immeuble ne consiste pas seulement dans la prime d'assurance; car l'indemnité que reçoit l'assuré si l'événement arrive est rarement complète, et quelquefois même il s'élève des difficultés sur le paiement de cette indemnité. Ainsi, en supposant que la prime soit de 1 p. 100 du revenu, on devra faire une déduction de 1 1⁄4 p. 100 sur ce même revenu.

En évaluant des bâtiments en général, et plus particulièrement ceux dont le rétablissement serait nécessaire en cas d'incendie, il faut toujours peser la chance d'une perte souvent très grande. Car dans l'évaluation qui est donnée pour l'assurance, on porte ordinairement une valeur inférieure à la somme que coûterait la reconstruction. C'est l'objet d'une addition à faire à la prime d'assurance, et par conséquent une nouvelle déduction sur le revenu.

Les récoltes des terrains exposés aux inondations sont quelquefois fort endommagées ou détruites. Il faut s'informer de la fréquence de ces accidents, et savoir, autant que possible, combien on peut en compter dans l'espace d'un demi-siècle ou dans toute autre période un peu longue ; on calcule alors une déduction, une espèce de prime d'assurance contre le risque que court le fermier. Si, dans le cours de 18 ans, il fait une perte équivalente à une récolte entière, on évalue cette déduction à un peu plus de 5 p. 100 sur le prix annuel du bail. Nous supposons qu'il s'agit d'une prairie, car si les terrains endommagés étaient en culture, la perte de la récolte serait beaucoup plus considérable.

Les compagnies d'assurances contre la grêle établissent difficilement leurs opérations d'une manière régulière ; la difficulté qu'elles éprouvent à cet égard provient en partie de l'inégalité des chances ; car il est des vignobles et des terres arables qui sont fréquemment ravagés par la grêle, tandis que d'autres territoires n'ont jamais souffert de ce fléau.

Ainsi c'est une information de plus à prendre lorsqu'on visite un domaine. Les chances de la grêle sur la vigne, sur les blés, seront évaluées pour les faire entrer en déduction du revenu ordinaire. L'estimation variera suivant que la localité est plus ou moins exposée aux effets de ce météore. On prendra des renseignements en remontant à une époque éloignée, s'il est possible. On s'adressera aux habitants les plus anciens du village pour obtenir des informations. D'ailleurs ces événements sont ordinairement consignés dans les archives des municipalités.

Les forêts souffrent aussi des ravages de la grêle; on est obligé de recéper les taillis et même les baliveaux. La perte est quelquefois considérable.

La prime d'assurance contre l'incendie des bois devra être aussi calculée et déduite de l'estimation de l'immeuble. L'expérience apprend que la fréquence de ces accidents n'est pas la même à beaucoup près dans toutes les forêts; on recueille des renseignements sur les événements de ce genre; on examine les obstacles naturels, tels que les routes, les chemins, les ruisseaux, qui arrêtent le cours du feu. Les chances relatives aux forêts résineuses sont les plus fâcheuses de toutes.

Nous ne prétendons pas poser ici des règles pour calculer le taux des assurances, et même, dans la pratique de l'estimation des fonds de terre, on fera bien de se borner aux différences les plus remarquables. Par exemple, tout le monde sait que des maisons agglomérées et couvertes en chaume, situées loin d'une rivière, sont beaucoup plus exposées à être détruites par des incendies, que des maisons isolées qui sont couvertes en tuiles, ou que des bâtiments situés sur le bord des eaux.

Nous voulons dire seulement que, dans une estimation régulière, toutes les chances de perte, tous les cas fortuits, sont des éléments qui ne doivent point être négligés.

CHAPITRE IX.

DES VENTILATIONS, PARTAGES ET LICITATIONS.

Dans les estimations d'immeubles qui se font contradictoirement en cas de contestation sur la quotité des droits d'enregistrement pour mutation, chaque corps d'héritage doit être évalué séparément. C'est ce qui doit aussi être fait autant que possible en matière de partage ou de licitation. Les experts présentent l'estimation en bloc après avoir donné la première, et ils indiquent la cause des différences entre le montant total de l'estimation en détail, et le montant de l'évaluation en bloc.

SECTION Iʳᵉ.

Des ventilations.

On nomme ventilation, l'opération qui consiste à distinguer dans l'estimation en bloc d'une terre ou d'une ferme la valeur particulière de chaque objet; ainsi on suppose, en premier lieu, que la valeur totale est bien établie, et il s'agit de chercher ensuite la proportion suivant laquelle les bâtiments et les divers corps d'héritages entrent dans cette estimation donnée.

Une ventilation est utile lorsqu'une portion quelconque d'une terre est détachée de la masse, ou bien lorsqu'on veut vérifier l'estimation générale par l'examen de tous les éléments de la valeur totale.

Par exemple, une terre rapportant 46,000 fr. de revenu net, est évaluée 1,533,000 fr ; il s'agit de savoir pour quelle somme chacun des objets qui composent cette terre entre dans l'estimation.

Si chaque nature de fonds rapportait un revenu uniforme de 3 p. 100, rien ne serait plus simple; mais il y a des portions qui rendent 5, d'autres qui ne rendent que 2 1/2 p. 100; d'autres enfin qui ne rapportent rien du tout ou qui ne produisent un revenu que dans leurs rapports avec d'autres portions.

Supposons que cette terre soit composée de 500 hectares de bois, 300 hectares de terres labourables avec des bâtiments, 100 hectares de prairies, 2 moulins et 4 étangs contenant ensemble 50 hectares.

Cherchons dans quelle proportion chaque nature de biens fournit son contingent.

Nous supposerons que les impôts et autres charges ordinaires sont déduits des revenus.

	Revenu net.	Capital.
Les bois contenant 500 hectares donneraient une coupe annuelle de 25 hectares, et le terme moyen du revenu net serait de 25,000 fr., en coupant et en réservant toujours la même quantité d'arbres, de manière que le produit puisse se perpétuer ; on capitalisera ce revenu sur le pied de 2 3/4 p. 100 ; la valeur totale du bois sera de 909,090 fr.	25,000 ᶠ	909,090 ᶠ
Les terres labourables pourraient se louer à rai-		
A reporter. . .	25,000	909,090

	Revenu net.	Capital.
Report. . .	25,000 ͬ	909,090

son de 60 fr. l'hectare, en y comprenant les bâtiments, ce qui revient, pour la totalité, à 18,000 f. de revenu net, et la valeur vénale calculée à raison de 3 p. 100 est de 600,000 fr.. . . . . **18,000**   **600,000**

Cent hectares de prairies pourraient être affermés sur le pied de 120 fr. par hectare, en laissant l'impôt à la charge du fermier, ce qui ferait en tout 12,000 fr.; la valeur vénale calculée au taux de 3 1/2 pour 100 est de 342,850 fr.. . . . . . . **12,000**   **342,850**

Deux moulins dont le revenu total et net pourrait s'élever à 2,000 fr. et dont la valeur vénale

A reporter. . .	55,000	1,851,940

	Revenu net.	Capital.
Report. . .	55,000^f	1,851,940^c
est de 40,000 fr.	2,000	40,000
Quatre étangs contenant ensemble 50 hectares qui peuvent rapporter un fermage net de 2,700 f. et dont la valeur vénale calculée au taux de 3 3/4 p. 100 est de 72,000 fr. . .	2,700	72,000
Totaux. . .	59,700	1,963,940

On estimera séparément le château et ses dépendances, s'il y en a un.

Cette estimation qui est supposée faite d'après le taux commun du revenu net des biens de même nature et de même qualité dans la contrée, donne un résultat plus élevé que la quotité du revenu réel. Quelles sont les causes de cette différence ?

Il est possible que les bois soient mal aménagés, que les terres soient cultivées suivant un mode vicieux, que les prairies ne soient pas bien entretenues ou que le foin qui en provient soit employé mal à propos à nourrir les bestiaux de la ferme au lieu d'être vendu, tandis que l'on pourrait cultiver des prairies artificielles dont les récoltes fourniraient un aliment suffisant pour ces animaux. Enfin il est possible que l'eau des étangs soit mal employée, et que le mécanisme des moulins puisse être perfectionné à peu de frais.

Mais il est possible, d'un autre côté, que les causes de l'infériorité des produits réels ne puissent être détruites ou modifiées que dans un espace de temps très long. Il est toujours difficile de changer les habitudes locales, et de substituer un mode d'exploitation à un autre; il faut remarquer aussi que les biens agglomérés en grandes masses ont une moindre valeur proportionnelle que les biens qui sont divisés en portions moins étendues.

Une ventilation donne ordinairement un résultat plus élevé que la valeur estimée en bloc, mais cette opération tend à découvrir et à expliquer les causes de l'infériorité ou de l'exagération de l'évaluation des revenus réels.

SECTION II.

Du partage des biens-fonds.

§ I. *Partage avec tirage au sort.*

Nous ne parlerons pas ici de ces partages de terres, de prés, de vignes, que les propriétaires divisent en petites parcelles en coupant chaque pièce en deux, trois ou quatre parties. Ce morcellement est nuisible à leur intérêt comme à l'intérêt public, puisqu'à mesure que cette subdivision augmente, les frais de culture deviennent plus considérables ; toutefois dans la crainte de recevoir le plus faible lot, chacun des petits propriétaires aime mieux souffrir la dépréciation qui s'établit sur la propriété totale que de s'exposer à une perte plus faible qui ne serait pas partagée par ses copropriétaires. Il ne conçoit pas que l'on puisse peser dans la même balance la valeur des propriétés foncières qui sont situées à quelque distance l'une de l'autre ou qui sont de nature différente.

La subdivision des terres en petites parcelles

a deux causes distinctes que l'on confond souvent. La première est dans la loi des successions, loi fondée sur les mœurs et sur les convenances sociales. L'autre cause, et celle qui produit le plus d'effet, est dans la volonté des copartageants qui pourraient très souvent éviter de subdiviser les parcelles de terres, prés ou vignes indivisés. C'est ce mode imparfait de partage qu'il s'agirait de corriger.

A la vérité, il est très difficile d'asseoir un partage parfaitement égal entre des biens de différente espèce, surtout si l'on a plus en vue les produits de l'avenir que ceux du passé; mais il est possible d'arriver à une précision presque rigoureuse, et comme l'intérêt dominant des propriétaires est de ne pas rompre les exploitations, de ne pas rendre les améliorations agricoles impossibles ou trop dispendieuses, il est évident qu'il vaut mieux s'exposer à un léger désavantage d'inégalité que de subir une perte certaine et considérable.

Les risques de cette inégalité seront très faibles si le partage est bien fait, et nous cherchons les moyens d'atteindre ce but dans toutes les circonstances que l'on peut prévoir.

28.

I. L'inégalité serait choquante vingt-cinq ou trente ans après l'époque du partage, si l'on s'en tenait à l'estimation des valeurs actuelles, en plaçant des biens de natures diverses dans les lots. Par exemple, une vigne dont la culture a reçu tous les perfectionnements dont elle est susceptible, et qui vaut aujourd'hui 3,000 fr., vaudra la même somme dans trente ans, en ajoutant la différence nominale de prix résultant de la dépréciation des monnaies ; mais un champ qui vaut aujourd'hui 3,000 fr., aura reçu à cette époque une nouvelle quantité de travail productif, et sa valeur vénale sera probablement de 3,000 fr.

Quand il s'agit de comparer la valeur d'un bois avec celle d'une vigne, il faut remarquer qu'à l'avenir on appliquera probablement beaucoup plus de nouveau travail sur le sol du bois que sur celui de la vigne, et que si le bois devait être un jour planté en vigne, il aurait alors acquis une valeur foncière qui serait hors de toute proportion avec celle qu'il présente dans le moment actuel ; il est évident qu'un sol boisé qui est propre à des cultures productives doit être évalué plus cher que celui qui n'a pas cette aptitude. On conçoit que cette considération est surtout applicable dans les partages d'héritages qui comprennent des biens de différente nature ; le copartageant dans le lot duquel sont placés des fonds susceptibles d'amélioration peut, à l'aide de ses capitaux, s'il en possède, exercer une certaine industrie agricole. Cet avantage n'est pas sans importance, soit qu'il s'agisse de mettre en culture de nouveaux terrains, soit qu'il ne puisse être question que de perfectionner la culture usitée.

II. Supposons qu'il s'agisse de partager en deux lots une succession composée d'une vigne et d'une prairie ; le mode le plus simple en apparence consiste à diviser la vigne en deux parties égales et à en agir de même pour la prairie ; cependant, si ces deux propriétés sont closes ou éloignées l'une de l'autre, et qu'il convienne à chacun des copartageants que son lot soit placé dans une seule localité, il faudra bien mettre la vigne en parallèle avec la prairie.

Au premier aspect, si tous les éléments de la valeur du revenu et du prix vénal ont été bien combinés, si toutes les chances de l'avenir ont été bien pesées, si l'on a bien considéré que le sol de la vigne se détériore à la longue, tandis que celui de la prairie s'enrichit par l'écoulement des eaux chargées de limon, on pourra croire que le choix du lot est indifférent; cependant, en général, on préférera la prairie; cette préférence a donc en elle-même une valeur réelle qu'il ne faut pas négliger.

III. La difficulté la plus grave et la plus ordinaire en matière de partage de successions foncières, est celle-ci :

On doit mettre dans chaque lot, autant qu'il est possible, des biens de même nature; cependant, la différence du rapport entre le revenu et la valeur vénale occasionnera souvent des inégalités considérables entre des lots qui devraient être égaux entre eux.

Supposons deux fermes à partager entre deux héritiers dont elles forment tout le patrimoine; chacune de ces fermes est louée 1,000 fr., et le prix des baux est conforme à la valeur réelle.

Mais l'un de ces domaines pourrait se vendre en détail et produire un capital de 50,000 fr., tandis que l'autre ferme, située dans une posi-

tion moins favorable sous ce rapport, ne pourrait se vendre qu'en gros et moyennant 52,000 f.,
tout au plus.

Sur quelle base formera-t-on les deux lots?
Devra-t-on les faire égaux en revenu? Mais si
les deux héritiers vendent plus tard leur bien, il
surviendra une inégalité énorme. Prendra-t-on
pour base la valeur vénale? mais il y aurait de
l'injustice si les deux héritiers conservaient leurs
lots.

Il semble équitable dans ce cas de prendre une
espèce de terme moyen; par exemple, le domaine
susceptible d'être vendu en détail serait évalué
40,000 fr., et l'autre ferme pour laquelle cette
possibilité manque absolument conserverait son
estimation de 52,000 fr.; la valeur totale de
l'héritage s'élèverait à 72,000 fr.; la moitié
afférente à chaque héritier serait de 56,000 fr.;
l'héritier possesseur du domaine qui a la plus
forte valeur vénale rendrait 4,000 fr. à son co-
héritier; ainsi tous les deux participeraient à
l'avantage éventuel d'une vente en détail.

Le motif qui doit surtout porter à prendre
un terme moyen est que les valeurs locatives et

vénales tendent à la longue à se niveler, non-seulement dans le même lieu, mais dans des lieux différents.

Si l'on partageait chacun des domaines en deux lots, on en déprécierait probablement la valeur; la loi qui régit les partages prescrit de morceler le moins possible les exploitations, et on doit la suivre à la lettre dans le cas que nous venons d'exposer.

Mais souvent il est nécessaire de mettre en parallèle les avantages qui peuvent résulter de la division avec les pertes qu'elle entraînerait. En général, on doit diviser les exploitations toutes les fois que cette mesure procure une augmentation de produits. Par exemple, une ferme composée de 200 hectares de terres n'a que des bâtiments insuffisants; mais si on la divise en deux parties, après avoir établi une soulte que devra payer le possesseur des bâtiments, le propriétaire de l'autre lot en fera construire d'autres à ses frais; comme les bâtiments coûtent toujours une somme supérieure à la valeur estimative qu'on leur assigne lorsqu'ils sont construits, la perte sera répartie entre les deux copartageants. Ainsi toutes les chances et toutes les réalités seront distribuées aussi également que possible.

IV. Comparons un moulin ou une usine avec une ferme composée de terres et de prés.

Si l'un des copropriétaires de l'usine la fait valoir, il doit désirer qu'elle tombe dans son lot; car il y trouvera l'avantage d'employer son industrie; mais l'estimation des deux lots doit être calculée sur une valeur moyenne et non d'après la convenance exclusive de l'un des copartageants, à moins que tous les deux ne consentent à faire autrement.

Supposons une ferme d'un revenu net de 3,500 fr., et dont la valeur vénale serait en gros de 100,000 fr., et en détail de 120,000 fr. On s'arrêtera à une valeur moyenne de 108,000 fr. en se rapprochant de l'estimation en gros.

Supposons une usine, fabrique ou manufacture affermée moyennant 5,500 fr. en laissant l'impôt et les réparations à la charge du fermier; la valeur vénale de cet immeuble est de 110,000 fr.

Les valeurs en capital sont, comme on le voit,

à peu près les mêmes; mais les revenus sont bien différents; cependant, en général, on préférera la ferme à l'usine; car une ferme peut également convenir à des propriétaires oisifs et à un grand nombre de cultivateurs; mais pour faire valoir une usine, il faut posséder des capitaux et une sorte de capacité personnelle et spéciale.

V. Nous ferons un rapprochement entre la valeur des maisons et celle des terres labourables; nous prenons souvent cette dernière espèce de fonds pour terme de comparaison, parce que c'est d'après le prix des terres que se règle en général celui des propriétés foncières d'une autre nature.

Supposons une succession dont la partie immobilière est composée d'une ferme et d'un château; la valeur vénale de ces deux objets est à peu près la même, et ils doivent entrer dans deux lots différents.

Le château ne rapporte rien; les dépenses nécessaires pour les réparations excèdent même le montant du loyer que l'on retirerait si l'habitation était louée, en sorte que le revenu réel est nul.

Le minimum de la valeur se trouve dans l'appréciation des matériaux. C'est à ce dernier terme que se résolvent en définitive les estimations d'un grand nombre de maisons de campagne.

La valeur vénale est le seul terme de comparaison entre une propriété de cette espèce et une ferme arable; quant aux terrains plantés en parcs ou jardins, on peut les comparer avec d'autres terrains de même qualité soumis à une culture productive.

Il est plus facile de faire entrer dans des lots différents une maison située dans une ville et un bien rural.

Exemple. Une ferme est amodiée 2,500 fr., l'impôt demeurant à la charge du fermier; le bail a encore six ans à courir; les propriétaires paraissent assurés d'obtenir pour la suite de cette période un prix annuel de 3,000 fr. aux conditions du bail actuel.

Cependant on ne doit pas porter l'estimation de la valeur actuelle à la somme de 3,000 fr. de revenu net; car le taux du fermage des biens ruraux pourra être changé à l'époque du renouvellement du bail, et d'ailleurs le prix actuel doit subsister encore durant six années.

On peut remarquer que la plupart des baux ne sont pas faits au taux moyen de la véritable valeur locative des terres, parce que le propriétaire et le fermier en arrêtent presque toujours le prix d'après l'influence du moment. Si le prix des blés est très faible à l'époque du renouvellement, si les fermiers ont éprouvé des pertes dans les années précédentes, le propriétaire ne pourra renouveler son bail à des conditions avantageuses pour lui. Si au contraire le prix des grains et des bestiaux est fort élevé dans l'année où le bail se renouvelle, le fermier placé sous cette influence favorable donne ordinairement un prix élevé. L'effet de ces variations qui se reproduisent continuellement est tel que le prix réel des baux se trouve presque toujours inférieur ou supérieur au prix moyen et vrai auquel aurait dû s'élever le fermage.

Supposons qu'après avoir fait entrer ces considérations dans une combinaison bien raisonnée, le revenu net de la ferme soit estimé 2,700 f., et que la maison, située dans une ville, puisse être louée 3,000 fr. en chargeant le locataire de l'impôt et des menues réparations.

Il est reconnu que la ferme pourrait être vendue 90,000 fr. et la maison 65,000 fr. La valeur de la masse est donc de 155,000 ; la moitié, pour chaque lot, est de 77,500 fr.

Le propriétaire du premier lot, qui ne jouira que de 2,700 fr. de revenu, serait obligé de payer au propriétaire du second lot une soulte de 12,500 fr. Tel serait le résultat rigoureux des calculs, en sorte que si les deux copartageants, au lieu de vendre leurs lots, les conservent, ils jouiront de revenus bien inégaux. On peut, avant d'achever le partage, considérer les évaluations sous ce rapport, et les modifier de manière à diminuer la différence entre les revenus.

Souvent l'opération n'est pas complète, bien que l'on croie avoir fait entrer dans chaque estimation tous les éléments constitutifs du prix. Des comparaisons nombreuses, qui ne présentent pas d'abord une utilité directe, procurent souvent l'occasion d'apprécier les différences de valeur que l'on n'avait pas observées.

Les considérations de convenance, de goût, les préventions mêmes, doivent entrer en balance; car ces préventions, si elles sont partagées par un grand nombre de personnes, exercent une certaine influence sur la détermination des prix moyens.

VI. Nous allons aborder une autre difficulté qui est moins grave que la précédente.

Une succession est composée : 1° de capitaux; 2° d'immeubles d'une valeur à peu près égale, et que l'on ne peut partager sans détérioration.

Il est certain que si l'on met les capitaux dans un lot et les immeubles dans l'autre, l'égalité des valeurs ne subsistera plus au bout d'un demi-siècle; car le même capital ne suffirait plus pour acquérir les mêmes fonds de terre; d'un autre côté, le capitaliste ayant joui de revenus plus forts que le propriétaire foncier, aura pu réaliser et accumuler plus d'épargnes que ce dernier.

Cependant dans le but de maintenir une égalité parfaite entre les copartageants, il est juste de tenir compte, à celui à qui les capitaux sont dévolus, des frais d'enregistrement et autres déboursés indispensables pour acquérir une propriété foncière équivalente à son lot; on fait une masse de ces frais en principal et accessoires, et chacun des deux héritiers en supporte la moitié.

On pourrait dans un sens opposé faire la supposition que le copartageant à qui les immeubles sont échus préférerait une valeur mobiliaire et vendrait son lot, ce qui mettrait les deux héritiers dans la même position et ôterait tout motif à l'indemnité dont nous venons de parler, mais ce n'est là qu'une exception; il y a plus de tendances en général à fixer des capitaux en acquisitions qu'à mobiliser des fonds de terre.

Les évaluations d'anciennes redevances et de rentes constituées peuvent présenter quelques difficultés; car si le remboursement ne peut jamais être exigé tant que le débiteur paie régulièrement les intérêts, la valeur du capital ne doit pas être portée à un taux aussi élevé que s'il était exigible à une époque fixe; en effet, s'il n'est pas remboursé avant 100 ans par exemple, il est probable que par l'effet de la dépréciation des valeurs métalliques, la somme que le successeur des créanciers recevrait à cette époque serait bien inférieure à la valeur réelle et actuelle du capital; cette chance de perte doit faire réduire d'un dixième environ la valeur nominale des capitaux à rentes perpétuelles, dans l'estimation d'une masse de biens à partager.

Nous n'aurons qu'un mot à dire des soultes ou mieux-values. On nomme ainsi la différence de la valeur des lots exprimée en argent ; c'est un retour que le possesseur du lot le plus fort paie à celui à qui est échu le lot le plus faible. Ces mieux-values doivent être le moins élevées possible ; car il est toujours difficile de comparer des immeubles avec des sommes d'argent, surtout en vue des valeurs futures.

§ II. *Des partages par attribution.*

Quand le tirage au sort des lots présente des inconvénients, quand une partie des biens sont dévolus d'avance à l'un ou à plusieurs des héritiers, quand l'effet du sort pourrait contrarier les convenances personnelles des copropriétaires en leur enlevant des terres, prés ou bâtiments qui forment un ensemble avec ceux qu'ils possèdent d'ailleurs, on a recours à un partage par attribution. Il est alors indispensable que toutes les parties intéressées y consentent formellement, car on ne pourrait les contraindre à renoncer au tirage au sort; ce mode de partage par attribution, qui pourrait subir l'influence de motifs personnels, n'est point applicable aux biens des mineurs; mais les personnes majeures qui peuvent d'ailleurs vérifier la justesse des estimations y trouvent souvent de grands avantages.

Lorsque des biens sont donnés à des successibles et que le donateur a prescrit que chacun d'eux les conserverait et en rapporterait le prix à la masse de sa succession, il importe de les estimer avec le même soin que l'on mettrait à faire un partage.

Il se présente souvent en matière de partage, soit par attribution, soit avec un tirage au sort, une difficulté assez grave. Par exemple, une propriété territoriale, telle qu'une ferme ou un bois, doit être partagée entre deux propriétaires dont l'un a trois septièmes et l'autre quatre.

On pourrait faire sept lots, comme il est indiqué ci-dessous, et les tirer au sort; mais il est peu de propriétés foncières qui puissent être divisées à ce point sans perdre une partie de leur valeur; il y a toute probabilité que le tirage au

sort donnera à chacun des propriétaires un cer·
tain nombre de parcelles séparées entre elles,
ce qui lui serait désavantageux. Par exemple,
l'un des copartageants aurait les n°s 1, 4, 6.

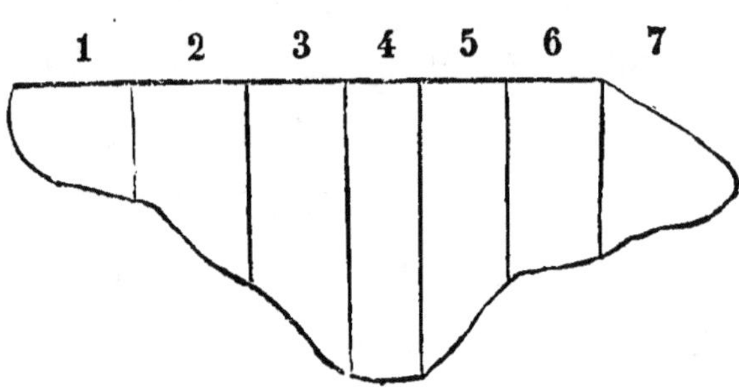

Il serait plus convenable que chaque copartageant n'eût qu'une seule pièce ; ce serait donc le
cas de s'en tenir à un partage par attribution au
lieu de recourir à un partage avec tirage au sort ;
mais on peut prendre un mode mixte, en opérant
d'abord la division comme il suit :

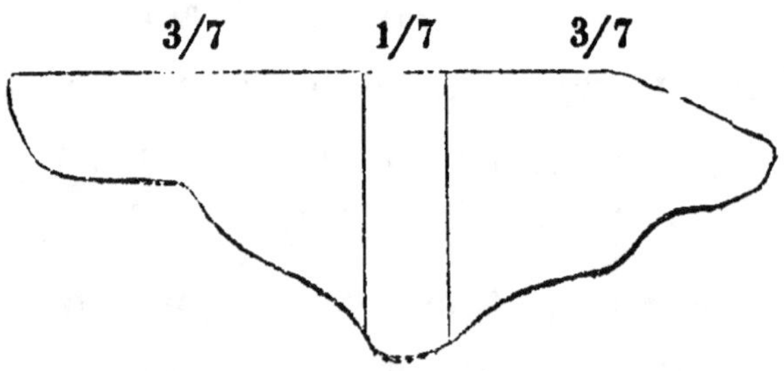

Les deux propriétaires tirent au sort pour les
trois septièmes seulement, et le septième lot si-

tué au milieu de la pièce est dévolu au propriétaire à qui revient la plus forte portion dans l'héritage. Par cet expédient, on réunit les avantages de l'attribution avec une partie de ceux du tirage au sort. Au surplus, ces avantages sont nuls lorsque le partage est bien fait; ce n'est qu'une garantie donnée aux copartageants à défaut d'une autre qui soit toujours aussi sûre.

SECTION III.

Des licitations.

Si les biens indivis ne peuvent être partagés commodément, l'un des propriétaires peut exiger qu'ils soient vendus par licitation. Dans ce cas, il est évident que toutes les estimations préalables doivent se faire d'après la valeur vénale, puisque c'est cette valeur qui doit être partagée. L'estimation n'est alors qu'une précaution prise dans l'intérêt des vendeurs pour éviter une vente qui serait faite au-dessous du prix réel.

S'il y a incertitude dans le mode d'estimation qui sera adopté, les experts doivent présenter deux estimations, l'une applicable à l'hypothèse du partage en matière, l'autre qui exprime uniquement la valeur vénale.

La licitation est la vente à l'enchère d'un héritage qui ne peut se partager facilement.   -

Mais à quels signes reconnaîtra-t-on qu'un immeuble peut se partager facilement ?

Lorsque l'héritage est considérable, on doit se garder, autant que possible, de recourir à des licitations dispendieuses. Un partage est praticable quoique la masse contienne des biens de différente nature; il ne s'agit que d'en balancer exactement la valeur. Une perte sur quelques bâtiments ou sur toute autre partie des biens ne doit pas faire obstacle à une division qui procurerait un avantage réel.

Une licitation serait préjudiciable à des cultivateurs qui se trouveraient par là privés de leurs maisons ou des terrains qu'ils exploitaient; aussi remarqua-t-on moins de licitations dans les petites propriétés que dans les grandes.

Un héritier qui veut conserver une fortune immobilière et qui n'est pas assez riche pour acquérir la propriété tout entière, est obligé d'acheter d'autres immeubles et de dépenser 7 pour cent du prix en frais d'acte et d'enregistrement. Les licitations sont défavorables aux mineurs qui n'ont point de dettes à payer, puisqu'ils ne peuvent acquérir des immeubles sans que leur tuteur remplisse des formalités dispendieuses.

Nous n'entrerons pas dans d'autres détails sur les opérations relatives au partage des biens immeubles ; le travail fondamental est une estimation détaillée de toutes les parties de l'héritage, travail dans lequel on fait entrer en considération les droits d'usage, d'usufruit, les servitudes actives et passives, et même les droits litigieux.

Les convenances à observer dans la formation des lots dérivent de la nature et de la situation des biens ; on évitera de créer des servitudes tout en ménageant des chemins d'exploitation pour les portions qui entrent dans chaque lot.

On réunira autant que possible dans le même lot les biens qui se prêtent une mutuelle valeur ; Par exemple, on ne séparera pas une chute d'eau des terrains sans lesquels elle ne serait d'aucune utilité ; on réglera le cours d'eau de manière qu'il puisse toujours être utile et ne nuise jamais.

Nous terminerons par un tableau qui présente la récapitulation de l'estimation d'une terre .

Tableau de l'estimation d'un domaine rural, en prenant

NATURE DES FONDS.	Valeur locative réelle en bloc.	Valeur locative vraie d'après l'estimation.	Impôts. — Par an.	
	fr.	fr.	fr.	c.
Terres propres à la culture du froment et des plantes oléagineuses..	50	48	6	»
Terres à chanvre ou à cultures analogues.. . .	150	145	10	»
Terres à seigle, première classe..	25	27	3	»
Terres à seigle et à sainfoin, situées en pente, dernière classe.	15	16	2	»
Prés pouvant être arrosés par un cours d'eau. .	150	145	10	»
Prés situés dans les vallées inondées.	80	75	6	»
Prés pouvant être convertis en terres arables. .	75	72	6	»
Vignes situées dans un sol de bonne qualité et bien exposé..	160	155	12	»
Vignes exposées aux gelées printanières. . . .	80	75	6	»
Vignes situées dans des terrains très inclinés. .	70	60	6	»
Vignes dont le sol peut faire de bonnes terres arables.	75	77	7	»
Etangs dont le sol pourrait faire des prés arrosés.	70	80	8	»
Etangs situés dans un sol de médiocre qualité. .	40	42	5	»
Bois taillis dont le sol serait propre à la culture du blé.	36	45	4	»
Bois taillis sur un sol qui ne ferait qu'une terre à seigle.	18	24	3	»
Bois taillis dont le sol ne ferait qu'une terre à friche s'il était dénudé.	15	16	2	»
Jardins potagers situés près d'une ville.	200	210	20	»
Vergers et autres plantations.	180	180	18	»
Landes situées dans une terre naturellement féconde..	10	15	1	»
Friche, pâturage impropre à la culture.. . . .	5	6	»	50
Bâtiment d'habitation du propriétaire.	450	450	40	»
Bâtiment du cultivateur ou du vigneron. . . .	100	100	10	»
Moulin.	1,000	1,100	90	»

l'hectare pour unité (excepté pour les bâtiments).

Entretien et réparations à déduire annuellement.	Total des charges ordinaires. — Par an.	Valeur locative nette d'après l'estimation.	Charges annuelles pour maintenir l'immeuble en bon état.	Revenu net, toutes déductions faites.	Rapport du revenu net a la valeur vénale en bloc.	Valeur vénale en bloc.	Valeur vénale en détail ou par lots.
fr.	fr. c.	fr. c.	c.	fr. c.	fr.	fr. c	fr. c.
1	7 »	41 »	1	40 59	32	1,298 88	1,400 »
4	14 »	131 »	2	128 38	29	3,723 2	3,800 »
1	4 »	23 »	1	22 77	32	728 64	800 »
1	3 »	13 »	2	12 74	28	356 72	360 »
2	12 »	133 »	2	130 34	32	4,170 88	4,200 »
1	7 »	68 »	2	66 64	27	1,799 28	1,800 »
2	8 »	64 »	1	63 36	33	2,090 88	2,500 »
4	16 »	139 »	3	134 83	28	3,775 24	4,000 »
1	7 »	68 »	3	65 96	27	1,780 92	1,900 »
4	10 »	50 »	5	47 50	20	950 »	1,000 »
1	8 »	69 »	2	67 62	30	2,028 60	2,300 »
2	10 »	70 »	3	67 90	33	2,240 70	2,500 »
1	6 »	36 »	3	34 92	30	1,047 60	1,047 60
1	5 »	40 »	1	39 60	35	1,386 »	1,800 »
1	4 »	20 »	2	19 60	33	646 80	700 »
1	3 »	13 »	3	12 61	30	378 30	378 30
6	26 »	184 »	3	178 48	25	4,462 »	4,500 »
5	23 »	157 »	4	150 72	26	3,918 72	4,000 »
»	1 »	14 »	»	14 »	40	560 »	800 »
»	» 50	5 50	»	5 50	20	110 »	110 »
10	50 »	400 »	5	380 »	18	6,480 »	» »
3	13 »	87 »	4	83 52	20	1,670 40	» »
40	130 »	970 »	6	911 80	19	1,732 42	» »

A l'occasion de ce tableau, nous ferons les remarques suivantes : il ne suffit pas, pour que les biens-fonds conservent perpétuellement la même valeur relative, de les entretenir en y faisant toutes les réparations et même les reconstructions qu'ils peuvent exiger. Une maison qui sera parfaitement entretenue dans un état équivalent à l'état neuf, ne conservera pas, pendant un siècle, relativement à un pré, la même valeur qu'elle a actuellement. On ne peut payer aussi cher un immeuble à valeur décroissante qu'un immeuble à valeur progressive. Cette remarque explique pourquoi nous avons placé dans le tableau une colonne qui indique le denier ou le rapport entre la valeur locative actuelle et la valeur vénale.

OBSERVATIONS GÉNÉRALES.

Des causes perturbatrices peuvent altérer la valeur vénale et locative des biens au point de changer tous les rapports existant entre les estimations de chaque espèce de biens-fonds et entre les estimations de la valeur de ces mêmes biens-fonds en général, comparée à la valeur du numéraire.

Si l'industrie indigène est protégée, ses établissements représentent ordinairement de grandes valeurs. Le contraire arrive lorsque les droits prohibitifs sont abolis avant que cette industrie ait pris assez de développements. Si la prohibition des marchandises étrangères continue et qu'il soit permis à l'industrie du pays de s'alimenter des produits de l'agriculture étrangère, alors l'agriculture indigène décline. En effet, si les blés, les bestiaux, les laines du dehors peuvent être importés facilement, les denrées du pays ne peuvent plus être maintenues à leur prix naturel, car le cultivateur les vend à bon marché lorsque la récolte est abondante; il les vend au-dessous du prix de revient dans les années de rareté. Il doit donc en résulter à la longue que la rente de la terre baissera. Or, cette baisse ne peut s'opérer sans que le capital employé à cette exploitation ne diminue en même temps. On bâtit moins, une partie des bâtiments cesse d'être entretenue.

La richesse agricole décroît lorsqu'un grand nombre d'ouvriers sont employés à des travaux

improductifs, ce qui occasionne le renchérissement de la main-d'œuvre dans les travaux de
l'agriculture, puisque la richesse sort des campagnes pour s'accumuler dans les villes, qui s'ap-
provisionnent en partie de denrées et de marchandises étrangères. Alors les moyens d'exploitation diminuent ; la classe des cultivateurs s'ap-
pauvrit ; la valeur vénale des fonds de terre
décroît.

La diminution du prix des baux ne précède
pas, mais elle suit la dépréciation de la valeur
vénale des terres, car le fermier calcule ordinairement le prix de son bail sur les produits du
passé, et il obéit surtout au besoin d'employer
sa capacité de travail et ses capitaux agricoles ;
ce n'est donc pas seulement la libre concurrence
des fermiers qui règle le prix des baux ; ils obéis-
sent à la nécessité de placer leur famille dans
une ferme ; si le prix du bail est trop élevé, ils
ne peuvent payer régulièrement le fermage et
ils s'endettent. Il faut donc distinguer entre le
prix nominal des baux et le prix réel qui est celui que le propriétaire peut percevoir, tout en laissant au fermier la portion de bénéfice qui doit
lui revenir légitimement. Cette différence est

considérable dans certaines contrées où elle tend continuellement à augmenter. Le prix vénal dans ces localités est moindre que dans les cantons où les fermages sont payés exactement et où les fermiers font des profits raisonnables.

Ainsi, dans une contrée où les fermiers jouissent d'une certaine aisance, vous pouvez évaluer les biens à 5 p. 100 du taux nominal des baux, tandis que dans les pays où ils sont appauvris le taux de trois et demi est bien suffisant.

Si les cultivateurs et les ouvriers, en accumulant les épargnes, fruits de leurs travaux, sont parvenus à acquérir la propriété d'une partie des terres qu'ils cultivent, la valeur vénale des biens-fonds suit une progression ascendante ; on voit des communes dans lesquelles les cultivateurs sont devenus propriétaires de toutes les terres, et comme il y en a rarement à vendre elles sont très chères. Mais si à cette époque d'accumulation succède une période pendant laquelle les habitants s'endettent, soit en se livrant à des spéculations industrielles qui réussissent rarement, soit en consommant le produit des épargnes antérieures, alors le prix vénal des terres décroît.

L'état hypothécaire d'un pays aide à mesurer à la fois la prospérité ou la décadence de la culture et la valeur vénale croissante ou décroissante des terres. Supposons que le dixième des terres, seulement, soit hypothéqué, il reste une grande latitude sur le marché général pour la vente des biens-fonds; mais si la somme des hypothèques augmente de manière à approcher de la valeur totale des biens, le déplacement de la fortune devient inévitable et l'on remarque que les fonds de terre se vendent ordinairement assez mal lorsqu'ils sont mis en expropriation, et surtout lorsque ce mode de vente devient fréquent.

Le prix des biens qui sont aliénés par adjudication publique n'est donc pas toujours l'expression de la valeur normale; ce prix est faible ou élevé selon les circonstances dans lesquelles la vente a lieu; une suite de mauvaises récoltes, l'incertitude de la législation sur l'importation ou l'exportation des denrées, peuvent exercer une grande influence sur le prix courant des immeubles.

Aucune loi n'a prescrit le mode suivant lequel les propriétés foncières doivent être évaluées lorsqu'il s'agit d'estimation faite en justice ; on aurait pu prendre pour base la quotité des revenus qui ont été perçus ou qui auraient dû l'être pendant un certain nombre d'années antérieures en opérant d'une manière analogue à ce qui se pratique pour l'assiette de la contribution foncière, mais le législateur n'a rien ordonné à cet égard. Ce n'est pas en effet la valeur passée qu'il s'agit d'estimer puisqu'elle a pu cesser d'être réelle ; ce n'est pas non plus la valeur présente qui n'est que celle d'un moment ; ce n'est pas la valeur de l'avenir, qui n'est que conjecturale ; mais il s'agit d'une fixation résultant de toutes les données du problème, et notamment de celles qui sont positives ; ce sera la conséquence de combinaisons et de raisonnements faits dans des vues d'équité.

Des observations sur la marche de la prospérité ou de la décadence de la richesse générale influeront sur le taux de l'estimation des biens-fonds ; si cette prospérité est réelle et croissante, si les impôts ne sont pas trop élevés, la production agricole et la valeur vénale des terres tendent à augmenter.

Si des signes contraires se manifestent, si les

impôts sont aggravés, si la production décroît, les prix demeurent quelque temps dans un état de stagnation et descendent continuellement jusqu'aux époques des crises à la suite desquelles se reforment des capitaux à la place de ceux qui ont été détruits.

De telles considérations ne peuvent être discutées lorsqu'il s'agit uniquement d'évaluer des fonds de terre; cependant, une certaine prévoyance fondée sur l'opinion dominante de l'époque apprend souvent à l'estimateur, avec assez de justesse si l'avenir sera favorable à la hausse, s'il y a une tendance à la baisse; mais l'impossibilité de bien asseoir des idées positives sur l'avenir rend les appréciations des valeurs souvent erronées; la vérité se trouvera ordinairement dans une *moyenne* entre cette confiance qui fait croire à une hausse indéfinie et cette défiance qui fait craindre une dépréciation durable de la valeur des propriétés foncières.

FIN.

FIN DE LA TABLE.